# ILUMINAÇÃO CRISTALINA

Katrina Raphaell,
fundadora da Crystal Academy of Advanced Healing Arts

# ILUMINAÇÃO CRISTALINA

Um Método Inovador para Ampliar seu Poder Pessoal, Ativar Frequências Cromáticas e Desenvolver os Corpos Sutis

Tradução
Denise de C. Rocha

Editora
Pensamento
SÃO PAULO

Título original: *Crystalline Illumination*.
Copyright © 2010 Katrina Raphaell/The Crystal Academy of Advanced Healing Arts.
Publicado originalmente por The Crystal Academy em 2010 nos Estados Unidos.
Copyright da edição brasileira © 2023 Editora Pensamento-Cultrix Ltda.
1ª edição 2023.
Todos os direitos reservados. Nenhuma parte deste livro pode ser reproduzida ou usada de qualquer forma ou por qualquer meio, eletrônico ou mecânico, inclusive fotocópias, gravações ou sistema de armazenamento em banco de dados, sem permissão por escrito, exceto nos casos de trechos curtos citados em resenhas críticas ou artigos de revista.

A Editora Pensamento não se responsabiliza por eventuais mudanças ocorridas nos endereços convencionais ou eletrônicos citados neste livro.

**Editor:** Adilson Silva Ramachandra
**Gerente editorial:** Roseli de S. Ferraz
**Gerente de produção editorial:** Indiara Faria Kayo
**Editoração eletrônica:** Join Bureau
**Revisão:** Erika Alonso

Dados Internacionais de Catalogação na Publicação (CIP)
(Câmara Brasileira do Livro, SP, Brasil)

Raphaell, Katrina
Iluminação cristalina: um método inovador para ampliar o seu poder pessoal, ativar frequências cromáticas e desenvolver os corpos sutis / Katrina Raphaell; tradução Denise de C. Rocha. – 1. ed. – São Paulo, SP: Editora Pensamento, 2023.

Título original: Crystalline illumination.
ISBN 978-85-315-2311-3

1. Cristais – Uso terapêutico 2. Esoterismo 3. Misticismo 5. Pedras preciosas – Uso terapêutico 4. Terapia alternativa I. Título.

23-160400 CDD-133.2548

Índices para catálogo sistemático:
1. Cristais: Uso terapêutico: Esoterismo 133.2548
Tábata Alves da Silva – Bibliotecária – CRB-8/9253

Direitos de tradução para a língua portuguesa adquiridos com exclusividade pela
EDITORA PENSAMENTO-CULTRIX LTDA., que se reserva a
propriedade literária desta tradução.
Rua Dr. Mário Vicente, 368 – 04270-000 – São Paulo – SP – Fone: (11) 2066-9000
http://www.editorapensamento.com.br
E-mail: atendimento@editorapensamento.com.br
Foi feito o depósito legal.

# AGRADECIMENTOS

Minha profunda gratidão à **Andrea Cagan**, por seu estímulo, sua experiência profissional (autora dez vezes *best-seller*) e disposição para me ajudar a editar este livro, tornando as informações mais fáceis de ler e compreender. Sou grata por seu amor incondicional durante todos os nossos muitos anos de amizade e por me ajudar a ter a coragem de apresentar mais um livro a este mundo.

Minha gratidão à professora **Tanya Hughes**, da Kauai Crystal Academy, por seu amor incondicional, sua lealdade, seu apoio e estímulo no longo prazo que foi necessário para tornar este livro uma realidade.

Sou grata a **Susie Ross** e **Fabienne Zilliox**, professoras da Crystal Academy, pela pesquisa pessoal que fizeram para me ajudar a encontrar as palavras para expressar Olhos nos Pés.

Muito obrigada a **Ron Pendragon**, por tirar as fotos das pedras. Muito obrigada ao artista gráfico **Jeff Fishman**, por sua assistência com os diagramas.

Gostaria de agradecer também a **Shannon Bodie**, diretora de arte da Lightbourne, por me ajudar a conceber este livro, indo muito além do dever e, finalmente, ajudando-o a ser impresso.

Meus sinceros agradecimentos se estendem aos estudantes da Cristal Academy of Advanced Healing Arts, pela sua integridade ao me ajudar a compreender melhor e a utilizar as informações contidas neste livro.

Gostaria de agradecer ao meu filho, **Simran Raphaell**, por compartilhar sua mãe com o mundo.

Minha gratidão vai também a você, meu leitor ou leitora, com amor, por sua mente e coração abertos, ao receber as informações deste livro.

# SUMÁRIO

Capítulo 1 – Os Corpos Superiores .................................... 13

Capítulo 2 – A Mente Superior ............................................ 21

    A Cor da Mente Superior e o Ponto de Disposição ....... 29

    Meditação da Mente Superior ......................................... 30

    Pedras do Raio Magenta .................................................. 33
        Rubi, Kammererita, Eritrita, Vesuvianita, Eudialita, Labradorita, Lepidolita Magenta, Fluorita Magenta, Turmalina Magenta, Calcita Magenta, Roselita, Granada Magenta

    *Layout* da Mente Superior ............................................... 45

Capítulo 3 – O Coração Superior ........................................ 49

    O Equilíbrio das Polaridades Masculina e Feminina .... 49

Ativação do Coração Superior ............................................... 52

A Glândula Timo ......................................................... 54

A Respiração do Coração Superior ........................... 55

Frequências Cromáticas do Coração Superior .......... 56

Pedras do Coração Superior ....................................... 59

Resumo das Pedras do Polo Masculino do
Coração Superior .......................................................... 60
Pedras de Cor Vermelho-alaranjado Ígneo: Cornalina,
Vanadinita, Gema Rodocrosita, Zincita Vermelha-alaranjada, Pedra do Sol, Gema Esfalerita, Amonita Opalizada, Calcita Vermelho-alaranjada, Granada

Resumo das Pedras do Polo Feminino do
Coração Superior .......................................................... 62
Pedras de Cor Azul-celes Suave: Celestita, Ágata Renda Azul, Angelita, Pedra da Lua Arco-Íris, Calcita Azul-Clara, Cianita, Smithsonita Azul, Calcedônia Azul

Meditação do Coração Superior ................................. 64

Grade Hexagonal Dupla do Coração Superior ........... 66

Essência de Pedras do Coração Superior ................... 71

Guerreiros do Coração ................................................ 74

*Layout* do Coração Superior ....................................... 78

*Layout* da Pedra Superior ........................................... 80

Capítulo 4 – O Corpo Físico Superior............................................. 81

O Raio Verde-Limão .................................................................. 85

Ponto de Disposição do Físico Superior ...................................... 88

Vontade Fortalecida .................................................................. 89

Escolhas Conscientes ................................................................ 92

Pedras Verde-Limão ................................................................... 96
Peridoto, Piromorfita, Brazilianita, Gaspeíta, Prehnita, Apatita, Serpentina, Turmalina Verde-Limão, Obsidiana Verde-limão, Smithsonita Verde-Limão, Fluorita Verde--limão, Calcita Verde-Limão

Layout do Físico Superior ........................................................ 105

Capítulo 5 – Realidades Geométricas........................................ 109

Núcleo Cristalino Hexagonal da Terra ...................................... 111

Polo Norte Hexagonal de Saturno ............................................ 120

Forma Hexagonal na Natureza ................................................ 124

Fotos de Cristais Coloridos ................................................... 129

Capitulo 6 – Olhos nos Joelhos .............................................. 137

Raio Colorido e Pontos de Disposição das Pedras ........ 139

O Despertar dos Olhos nos Joelhos ......................................... 141

Proteção .................................................................................. 143

Um Passo para o Futuro ........................................................... 147

Pedras para os Olhos nos Joelhos ......................................... 150
Astrofilita, Obsidiana Marrom, Citrino Marrom, Dravita/
Turmalina Marrom, Granada Marrom, Esfalerita, Estaurolita

**Capítulo 7 – Olhos nos Pés** ..................................................... **161**

Sentindo através dos Pés ....................................................... 163

A Ativação dos Olhos nos Pés ................................................ 165

O Caminhar nas Estrelas ........................................................ 168

Faça o que Diz ........................................................................ 170

Raios coloridos, Pedras e Pontos de Disposição .................. 173
Especularita, Hematita Arco-Íris, Quartzo Turmalinado,
Pedra Nebulosa, Elestiais, Obsidiana Preta com Reflexos
Dourados e Prateados, Obsidiana Arco-Íris, Quartzo Enfumaçado Rutilado, Labradorita, Olho de Falcão

*Layout* do Corpo Superior ..................................................... 186

Diagrama da Aura Expandida com os Pontos dos
Corpos Superiores ............................................................. 189

**Capítulo 8 – Iluminação** ........................................................... **191**

O Ser Humano Superior ......................................................... 192

Ascensão ................................................................................ 195

A Matriz Universal .................................................................. 196

Vestes de Luz ......................................................................... 198

O Escudo de Hematita ..................................................... 202

A Infusão Cristalina ........................................................ 203

*Layout* do Escudo de Hematita ................................... 205

*Layout* da Infusão Cristalina ......................................... 208

**Parte Final** ..................................................................... 211

**Sobre a Autora** ............................................................. 215

Capítulo 1

## OS CORPOS SUPERIORES

Em 1990, pensei que já tinha dito tudo o que queria sobre cristais, depois de escrever a Trilogia dos Cristais: *Crystal Enlightenment*, Volume I, em 1985; *Crystal Healing*, Volume II, em 1987;* e *Crystalline Transmission*, Volume III, em 1989**. Nessa trilogia, apresentei a *antiga arte de disposição das pedras* e *layouts* de cura pelos cristais com aplicação terapêutica. Eu dei informações sobre os cristais mestres e seus ângulos geométricos e apresentei o sistema de doze chakras

---

* *Crystal Enlightenment* e *Crystal Healing* foram publicados originalmente pela Editora Pensamento com os títulos *As Propriedades Curativas dos Cristais e das Pedras Preciosas* e a *Cura pelos Cristais: Como Aplicar as Propriedades Terapêuticas dos Cristais e das Pedras Preciosas*, respectivamente. Em 2021, as duas obras foram publicadas numa edição única, com ilustrações coloridas e texto revisto e atualizado, com o título *As Propriedades Curativas dos Cristais e das Pedras Preciosas*. (N.da T.)

** *Transmissões Cristalinas*. 2. ed. São Paulo: Pensamento, 2023.

com três chakras transpessoais. Escrevi esses três livros num período de cinco anos e fundei a Crystal Academy of Advanced Healing Arts em 1986.

Depois da conclusão do meu terceiro livro, eu estava tão focada na energia e nas informações que chegavam até mim que acabei comprometendo meu sistema nervoso. Fiquei viciada em trabalho e raramente dizia "não". Depois que esse terceiro livro foi lançado, eu já não estava dando um bom exemplo do que estava tentando ensinar. Tinha acabado de escrever sobre a ativação e integração do sistema de doze chakras, mas estava exausta e num estado de saúde precário, tanto do ponto de vista físico quanto emocional. Tirei uma licença na Academia, fui para o Havaí e literalmente hibernei por dois anos, usando a pouca energia que ainda me restava para cuidar do meu filho pequeno.

Quando por fim recuperei as forças, reabri a Academia na ilha de Kauai e continuei ensinando cura pelos cristais em cursos com certificação. Em 1994, eu já estava ministrando um curso avançado quando comecei a "receber" informações para este livro. Naquele exato momento, Shoemaker Levy 9, um cometa feito de cristais de gelo e poeira espacial, explodiu em Júpiter, o planeta da expansão. De repente, fui bombardeada com trechos de novas informações que eu tinha que anotar freneticamente durante os intervalos dos cursos e na hora do almoço, para ter certeza de que não me esqueceria de nada.

Levei mais de treze anos para entender, desenvolver e implementar essas novas informações. Precisei fazer muitas pesquisas para encontrar pedras que manifestassem os raios das cores específicas dos Corpos Superiores. Estendo minha gratidão aos meus muitos alunos da Crystal Academy, que voluntariamente ofereceram sua assistência e capacidade de sintonização como estudos de caso, enquanto eu estava reunindo e compilando esse conhecimento. Hoje, essas informações desencadearam um enorme crescimento em minha própria vida e o propósito deste livro é compartilhá-lo com você. Antes de começarmos, porém, quero ser muito clara. Eu não me considero um guru, nem mestra em coisa alguma. Sou um ser humano, uma mulher que comete erros e tenta aprender com eles, às vezes avançando com muita dificuldade em meu próprio processo. Depois de ter escrito este livro, continuo me esforçando para agir de acordo com o que digo, nem sempre conseguindo, mas permanecendo totalmente comprometida com o esforço de passar por esse processo, um dia de cada vez.

Em sua maior parte, este livro foi escrito para se sustentar por si só, sem a necessidade da leitura prévia da Trilogia dos Cristais. No entanto, uma base de informações foi lançada na trilogia que agora precisa de revisão. Em *Transmissões Cristalinas, Volume III*, escrevi sobre o sistema dos doze chakras e apresentei três chakras transpessoais. Neste livro, trabalho com dois desses chakras, a Estrela da Alma, localizado a 15 cm do topo da cabeça, aproximadamente, e a Estrela da Terra, localizado a mesma distância, abaixo da sola dos pés. Esses centros de energia estão fora do corpo físico. A Estrela da Alma abriga nossas essências anímicas individuais, enquanto a Estrela da Terra é a

Eis uma breve revisão das cores.

- Vermelho, amarelo e azul são as cores primárias.
- Ao misturar vermelho e azul, temos o roxo.
- A mistura de amarelo e azul resulta no verde.
- Amarelo e vermelho dão origem ao laranja.
- Roxo, verde e laranja são cores secundárias. Quando uma cor se mistura com outra ocorre uma união de energias, com a marca e o efeito de uma cor dando espaço a outra, para se fundir com ela. Quando dois matizes se misturam, novas cores são criadas com um efeito próprio, causado pelas características de ambas. Algumas cores do Corpo Superior são combinações de cores primárias e secundárias, enquanto outras são cores opostas que equilibram polaridades.

Este livro apresenta um método para aumentar o poder pessoal e levar a estados elevados por meio da ativação de frequências cromáticas específicas e da construção consciente de corpos sutis de luz colorida. Além das pedras apropriadas, os ingredientes mais importantes desse método são sua própria força de vontade e esforço. A ativação dos Corpos Superiores não é possível sem que aperfeiçoemos nossos padrões de pensar, sentir, fazer e ser.

Os Corpos Superiores não são chakras. Pelo contrário, são estados de ser estimulados por frequências cromáticas específicas e conscientes.

Com vontade e disposição, podemos criar uma morada para a **Mente Superior** e ativar seu raio de cor específico para obtermos domínio sobre antigos padrões de pensamento, enquanto nos abrimos para reinos mais elevados de pensamento.

No **Coração Superior**, podemos aprender a honrar tanto nosso aspecto feminino quanto o masculino e harmonizá-los com duas cores diferentes.

O **Corpo Físico Superior**, com sua frequência cromáticas combinadas, aumenta a imunidade física e emocional, à medida que aprendemos a permanecer conscientes no momento presente.

Com fortes tons terrosos de vermelho nos **Olhos dos Joelhos**, podemos aprender a fazer escolhas conscientes sobre o rumo que tomamos na vida, à medida que nos abrimos para a intervenção divina.

Os **Olhos nos Pés** podem ser estimulados com cores de polos opostos, para desenvolvermos uma compreensão no nível da alma do nosso destino individual, à medida que aprendemos a canalizar a energia cósmica através dos pés.

As cores que ativam os Corpos Superiores são códigos de luz muito específicos. Algumas pedras que demonstram essas cores são muito raras. As cores dos Corpos Superiores têm um forte efeito sobre a aura. Paulatinamente, à medida que evoluímos para a condição de Seres Humanos Superiores, nossa aura se expande para abrigar esses novos Corpos Superiores. Com esses códigos de luz vibrando em nosso campo energético, estaremos mais protegidos e sintonizados com a essência de quem somos como seres de luz. Nós nos tornaremos capazes de iluminar nossa realidade e o mundo à nossa volta.

Eu agora libero Iluminação Cristalina para o mundo, enquanto o cerco com proteção e peço que ele seja usado apenas com propósitos positivos. Imploro a outros autores que *não* extraiam deste livro fragmentos de informação para utilizá-los como se fossem da sua própria autoria, distorcendo a verdade do trabalho como muitos fizeram no passado. Tal como acontece com os meus outros três livros, todas essas informações estão sujeitas a mudanças, à medida que eu me desenvolvo e aprendo mais. Eu me sinto como uma mãe leoa, agora que finalmente dei à luz este livro, e peço aos Guardiões dos Cristais que o protejam e a todos que se sentem inclinados a utilizar este conhecimento com boas intenções.

Capítulo 2

# A MENTE SUPERIOR

A mente humana não se desenvolveu do mesmo modo que a de outras criaturas deste planeta. Como espécie, nosso cérebro nos permite pensar de maneira lógica e racional, enquanto tentamos entender o universo do qual fazemos parte. Somos capazes de organizar e vasculhar nossa memória em busca de respostas e projetar nossos pensamentos no futuro para planejar nossa vida diária e criar a sociedade na qual vivemos. Quando conscientes, temos a capacidade de questionar e estudar a natureza da nossa própria existência e perguntar: "De onde viemos? Qual é o nosso propósito e para onde estamos indo?". Temos a possibilidade de pensar, e com o pensamento vem o poder. O importante é saber como esse poder é usado.

Com autodisciplina, podemos desenvolver a Mente Superior, um estado de consciência que mantém a neutralidade e o testemunho sem julgamento. Por meio dessa neutralidade, podemos meditar e contemplar a natureza de um universo infinito. A Mente Superior sabe que somos mais do que apenas a soma do nosso cérebro, das nossas emoções e do nosso corpo físico. Somos almas em evolução, seres de luz, capazes de habitar corpos energéticos de frequência mais elevada.

Você pode escolher conscientemente evoluir para a sua Mente Superior. Na verdade, é dever do seu eu consciente obter o domínio sobre a mente inferior. A Mente Superior treina pacientemente a *mente de macaco* dispersa e tagarela, fazendo-a parar de saltar aleatoriamente de pensamento em pensamento e se concentrar num propósito mais elevado. O sexto sentido da percepção extra-sensorial se desenvolve naturalmente, à medida que você aprende a utilizar o poder da Mente Superior. A sua consciência começa a se expandir conforme a sua mente descontrolada de macaco aprende a não pensar apenas nos próprios interesses e se rende à orientação da sua Mente Superior.

Devemos aprender a olhar para dentro e a observar a programação mental e emocional que pode nos definir e nos controlar. A Mente Superior está disposta a descobrir as raízes dos padrões de pensamento repetitivo, enquanto monitora a mente de macaco e discerne se os pensamentos são baseados em interesses parentais, religiosos, raciais ou nacionalistas. A Mente Superior faz a ativação dos novos pensamentos escolhidos e evita que a consciência seja usurpada por antigas formas de pensamento julgador. *Testemunhar sem julgar* são as palavras-chave da Mente Superior. É importante testar nossos pensamentos sobre a pedra de toque da Mente Superior. Esses padrões mentais que não estão em concordância com a mentalidade superior podem ter que ser abandonados ou alterados.

O mantra para a Mente Superior é "a vida está sujeita a mudanças sem aviso prévio". Essa mente sabe que a vida pode mudar drasticamente a qualquer momento. Ela compreende a natureza transitória da realidade física e está pronta num instante para se ajustar espontaneamente a circunstâncias novas e mutáveis. A Mente Superior se identifica e entra em sintonia com o poder universal do ciclo de vida, que inclui nascimento, vida, morte e renascimento. Ela expande a percepção para incorporar o conhecimento de que a realidade é um *continuum* em que um estágio leva naturalmente ao seguinte, todas as fases sendo igualmente válidas. Consciente de que tudo muda, a Mente Superior valoriza cada momento precioso e sabe o quanto é frágil e valiosa a condição humana. Ela vê através da programação negativa de outras pessoas e reconhece o sagrado dentro de cada indivíduo.

Até que ponto você se ajusta facilmente às mudanças inesperadas da vida?

Como sua mente reage quando velhas formas de pensar enfrentam situações que forçam você a sair da sua zona de conforto?

A Mente Superior está sempre aberta a mudanças. Por exemplo, enquanto eu escrevia sobre a Mente Superior hoje, várias coisas aconteceram pela manhã. Eu me levantei, me vesti, estava preparada e pronta para ir malhar e depois cumprir algumas tarefas importantes na cidade. Mas o meu carro não deu partida. Voltei para dentro de casa e me sentei na frente do computador, só para descobrir o que meu site estava fora do ar. Peguei emprestado o carro de uma amiga para ir fazer o que precisava e, enquanto carregava sacolas de compras, deixei cair uma garrafa de vidro com suco, quebrando-a e espalhando líquido colorido por todos os lugares. Pensei comigo mesma:

— Que dia perfeito para praticar a mentalidade superior, já que nada parece estar a meu favor hoje!

Essas situações eram todas de menor importância e de fácil ajuste. Mas e as grandes mudanças, como perder alguém que você ama ou uma catástrofe climática que destrói tudo o que você possui? Essas são as grandes mudanças. Desenvolver a Mente Superior ajuda você a se adaptar às grandes mudanças, quando elas acontecem. Claro que a mudança mais dramática de todas é encarar o momento da sua morte. A Mente Superior se identifica com a essência da sua alma e com a universalidade, tornando mais fácil a transição entre a vida física e a morte.

Há momentos em que você vira uma esquina e a vida como você a conhece muda para sempre. Essa mudança pode incluir uma pessoa nova, a mudança para uma outra cidade, um casamento, o nascimento de um filho ou a morte de um ente querido. Durante esses tempos potencialmente turbulentos, você pode se refugiar na sua Mente Superior. Ela conhece a natureza da mudança, do crescimento e da morte e sabe aceitar essas coisas que estão além do nosso poder pessoal de mudança. A Mente Superior busca soluções e pode guiá-lo através das muitas transições e passagens da vida.

Testemunhe seus próprios pensamentos, alterando e cultivando outros melhores, se descobrir que eles não estão servindo ao seu propósito superior. Projete e expresse conscientemente essas ideias recém-criadas e se identifique com elas. Alinhe-se e escolha ter pensamentos positivos se estiver acostumado a ter pensamentos negativos. Criar conscientemente o hábito de ter bons pensamentos é algo que requer tempo e esforço. A programação negativa está sempre disponível e pode ser acessada a todo instante. Quando a Mente Superior é ativada, você aprende a ficar no momento presente e percebe sua programação negativa. Você pode se desviar dela, recentralizar-se e mudar a natureza do seu pensamento. Assumir o controle dos próprios pensamentos e redirecionar os pensamentos negativos é sempre uma escolha pessoal.

A Mente Superior está sempre disposta a se render à providência divina, que pode alterar o curso dos acontecimentos e talvez até mudar o resultado desejado para melhor. Quanto mais sua Mente Superior se alinhar com um universo infinito, mais essas energias expansivas podem influenciar a sua vida. Não limite as suas possibilidades sendo inflexível sobre como você *quer* que as coisas aconteçam. Em vez disso, alinhe-se com humildade e esteja disposto a desistir quando estiver claro que o caminho não está aberto. Permita que mais opções estejam disponíveis, não apenas aquelas que você consegue imaginar.

A Mente Superior está disposta e apta a reivindicar sua herança de integridade e interconexão. É o seu direito nato, como ser humano, saber que você é inteiro e completo em si mesmo, uma parte do espírito infinito que rege o universo, uma parte um do outro e uma parte íntima do planeta em que vivemos. A Mente Superior está alinhada com o poder superior, continuamente em ação em cada coisa que acontece em nossa vida. O desenvolvimento dos atributos da Mente Superior ajudará você a cultivar força, clareza e a capacidade de ver o quadro maior divino e o lado bom de todos os acontecimentos. Você sabe que está vivendo num estado mental elevado quando percebe a presença divina em todos os aspectos da vida e a todo momento.

É importante conhecer a sua própria mente. Você precisa ser capaz de discernir a diferença entre as formas-pensamento da fantasia, da projeção, da ilusão e do desejo, em oposição à verdadeira ressonância com o estado cristalino de conhecimento interior da Mente Superior. Você pode vivenciar momentos em que está com a Mente Superior ao longo da vida — aquelas claras e inegáveis revelações conscientes da "verdade". Pode ser fácil experimentar um estado mental elevado, um vislumbre de conhecimento inquestionável numa meditação profunda ou num momento de assombro nas profundezas de uma cura com cristais. Mas também é possível manter essa consciência a cada momento, deixando que ela passe a residir em tempo integral na Mente Superior.

Ela não se sujeita à manipulação do medo. Em nosso mundo, todos nós fomos infectados com o vírus altamente contagioso do *medo*. A programação em massa do medo infecta e manipula grandes populações. Quando as pessoas agem levadas por um medo consciente ou subconsciente, o poder de raciocinar e de pensar é claramente sufocado. A mente coletiva tem sido programada com conceitos religiosos, como guerras santas e o pecado original, que nos mantêm encarcerados no dogma e nos separam da verdade de que somos seres dotados de alma. Se acreditarmos que nascemos em pecado e não temos escolha quanto a isso, ficamos confinados à escravidão pelo simples ato de existir. Desse modo, tornamo-nos programados subliminarmente com o medo da separação e iludidos com o pensamento de que não somos, por natureza, *bons*.

Como uma besta de carga carregando um fardo pesado, nós nos sentimos responsáveis por coisas que temos pouco poder para mudar. Um exemplo disso é se sentir "errada" desde o nascimento devido ao fato de ser mulher, simplesmente porque disseram num livro escrito há séculos que uma mulher comeu uma maçã. Essa degradação do eu torna as mulheres vulneráveis à dominação, à manipulação e ao abuso dos sistemas atuais que propagam essas crenças.

Precisamos fazer um forte e pacífico protesto interior e dizer com consciência a nós mesmos: "Não! Não vou participar disso!

Não vou permitir que minha mente aceite essa programação negativa!". Nada é mais empoderador do que tomar uma certa distância do que inconscientemente nos tornamos parte, para ver isso pelo que é, independentemente dos nossos pensamentos programados e das nossas crenças. A Mente Superior tem a capacidade de ver através das formas-pensamento negativas e fazer outra programação consciente. Ela não se identifica tanto com a personalidade e com o ego das outras pessoas, mas reconhece a essência da força divina dentro delas e procura trazer isso à tona. Cada vez que nos abstemos de estimular um programa mental antigo, tornamo-nos livres para escolher o que pensamos e em que acreditamos.

A Mente Superior conhece a verdade da sua alma porque ela ressoa com o núcleo mais profundo do seu ser. Ela mantém um forte vínculo com sua própria fonte interior de força espiritual. Com essa conexão estabelecida, é mais fácil manter um estado de espírito mais pacífico e sustentar pensamentos sinceros. Em sintonia com o propósito da alma, a Mente Superior permanece presente em cada momento, concedendo-lhe o poder de escolha pessoal.

Como indivíduos, precisamos desenvolver os poderes superiores da nossa própria mente. A partir daí, novos conceitos e novas atitudes podem se desenvolver. As percepções que refletem uma mente espiritualmente autoconfiante nos ajudará a manter o foco como as forças naturais nesta mudança da Terra.

A ativação da Mente Superior requer o compromisso diário de nos treinar a testemunhar nossos processos de pensamento e fazer mudanças conscientes no momento.

## A Cor da Mente Superior e o Ponto de Disposição

O ponto da Mente Superior fica na testa, cinco centímetros acima do terceiro olho. A Mente Superior é ativada pela cor magenta, uma combinação de vermelho, que é uma cor primária, e roxo, uma cor secundária que é uma combinação de vermelho e azul. A cor magenta contém, portanto, dois raios vermelhos e um azul.

O vermelho é a cor da atividade, da criatividade, da regeneração, da sexualidade e da força vital. Usando o raio magenta, de duplo vermelho, os pensamentos são conduzidos a um estado mais elevado que engloba um poder superior em ação. A cor roxa (também chamada púrpura) ajuda a mente a fazer uma sinapse com a consciência de nível anímico e com a sabedoria intuitiva. O azul, contido no roxo, cria paz, auxiliando a mente a manter a tranquilidade em meio a uma vida ativa.

O raio duplo vermelho manifestado no magenta é extremamente poderoso. Ele pode ser usado para ativar a Mente Superior e estimular as glândulas pituitária e pineal, enquanto novas sinapses são criadas. Isso altera as vias nervosas que mantêm a antiga programação de medo em vigor. O trabalho da Mente Superior é reprogramar conscientemente conceitos e atitudes ultrapassadas e criar novas vias neurais que carreguem a ressonância da totalidade.

No momento em que você descobrir um pensamento baseado no medo, diga em voz alta: "Cancele, limpe!", e imediatamente libere esse pensamento. Reserve um instante para se concentrar na Mente Superior, respire o raio magenta e invoque sua verdade interior. Coloque uma pedra da cor magenta no ponto da Mente Superior com a intenção de se desvencilhar de pensamentos baseados no medo. Ao fazer isso, reprograme deliberadamente sua mente com novos pensamentos que melhor representem a paz e a clareza que você deseja.

Se você não tem uma pedra magenta com você, fique no momento presente e mude a natureza do seu pensamento naquele instante. Você não está negando ou reprimindo seus pensamentos. Você está se tornando a sua própria testemunha, para reconhecer a programação negativa e conscientemente mudá-la. Quanto mais você praticar, mais rápido a nova programação se tornará realidade. Cada vez que você muda conscientemente os seus pensamentos, as pontes interiores vão sendo construídas na Mente Superior.

## Meditação da Mente Superior

A meditação é normalmente feita com os olhos fechados e a consciência voltada para dentro. As meditações da Mente Superior podem ser feitas dessa maneira, mas também podem ser praticadas em qualquer momento que você precise se centrar e elevar a sua consciência até um estado superior.

Pense em quando você fica preso no trânsito ou em qualquer outra situação que normalmente cria tensão e aborrecimento. A mente inferior pode estar habituada a automaticamente começar a xingar outros motoristas, o que aumenta a tensão e leva a pensamentos como: "Que perda de tempo! Eu odeio isso! (ou outras palavras da sua escolha)".

Surpreenda-se no cenário pensamento-sentimento-palavra-ação e diga em voz alta: "Cancele, limpe!". Em seguida, inspire, enquanto visualiza a cor magenta penetrando profundamente no seu cérebro. Ao expirar, irradie conscientemente a criativa cor magenta ao seu redor. Nesse momento, você interrompe a programação negativa por tempo suficiente para mudar sua perspectiva para a mente elevada. À medida que continua a respirar a cor magenta, sua aura vai mudando de cor e frequência, e você tem a oportunidade de mudar sua antiga maneira de pensar e sentir. Traga sua consciência para a Mente Superior e escolha como reagir, quais pensamentos pensar e quais sentimentos resultarão desses pensamentos. Você pode substituir a tensão em qualquer aspecto da sua vida quando volta a se focar no raio magenta. Você pode escolher pensar em algo como: "Trago paz para mim mesmo, sou fortalecido pela minha respiração neste momento, estou conectado com o universo, me amando e amando aqueles ao meu redor".

Pode levar algum tempo até que a nova programação se instale e se torne automática. Mas, cada vez que se pegar num modo de pensar negativo, você pode se elevar e redefinir sua consciência num nível mais alto, tornando-se cada vez mais consciente dos seus pensamentos e o que eles representam. Cada vez que você respira o raio magenta para dentro e para fora do seu cérebro e irradiar essa frequência para fora, você dá mais um passo à frente na jornada de autodomínio.

Se o seu coração está inquieto ou se as circunstâncias físicas parecem intransponíveis, refugie-se na Mente Superior e muna-se da sua ampla visão magenta. Comece sentando-se numa posição confortável e respirando profundamente para acalmar a mente. Este já é um exercício da Mente Superior por si só. Agora concentre-se na cor magenta. Se você tiver uma pedra magenta, deite-se e coloque-a no ponto de Mente Superior. Se você não tiver nenhuma pedra magenta, visualize uma cor magenta forte e inspire-a e expire-a do seu cérebro.

Inspire e respire conscientemente o raio magenta até o centro do cérebro, para estimular as glândulas pituitária e pineal. Ao expirar, irradie essa cor brilhante para a sua aura. Continue dessa maneira por onze minutos, mantendo seu foco consciente no ponto da Mente Superior. Estabilize sua identidade na Mente Superior e então recapitule quaisquer questões pessoais usando o quadro mais amplo que essa meditação propiciará. Se praticada por onze minutos diariamente, essa meditação simples poderá ajudá-lo a sair da sua mente inferior e avançar para a percepção de mentalidade mais elevada.

Quando a Mente Superior é ativada e a frequência cromática magenta é conscientemente projetada no campo áurico, forças mais sutis e refinadas começam a formar seu próprio corpo energético. A cor magenta infunde a aura, como um fragmento de clara radiância etérica. Você pode reforçar sua Mente Superior a qualquer momento, respirando a cor magenta profundamente para dentro do cérebro e depois irradiando-a e preenchendo a sua aura com essa cor brilhante.

## Pedras do Raio Magenta

Muitas pedras de cor magenta são raras e geralmente bem caras. Levei anos procurando encontrá-las e estudando seu uso. Cada uma destas pedras magenta contém suas próprias propriedades e efeitos curativos. As características individuais de cada pedra devem ser levadas em consideração ao utilizá-las para ativação e práticas da Mente Superior. Por exemplo, se um rubi for usado, sua geometria hexagonal inata, que promove a harmonia e o equilíbrio, terá seu próprio efeito específico. Há mais pedras magenta esperando para serem descobertas, então fique de olhos abertos.

É importante que a cor magenta esteja presente quando você for usar pedras para a Mente Superior. Muitas dessas pedras se manifestam numa variedade de cores, portanto procure a mistura perfeita de vermelho com roxo e a força do raio de duplo vermelho. Sempre use cristais e pedras com conhecimento, respeito, humildade e sintonização.

O **RUBI** é um mineral chamado "corindo" que se forma naturalmente em cristais hexagonais, muitas vezes com triângulos visivelmente elevados nas superfícies. Sua poderosa energia criativa é estimulada quando o raio de duplo vermelho do rubi faz sinapses com a Mente Superior.

Se usar um rubi hexagonal natural, esteja preparado para ter ideias, lampejos e revelações mentais. O rubi conduz a mente a um reino de pensamentos ativos, criativos e inspiradores. Coloque-o no ponto da Mente Superior quando quiser descobrir algo, encontrar novas soluções para velhos problemas ou ter ideias originais. Ao trabalhar com o rubi hexagonal, há um imenso potencial para você se libertar de antigos padrões mentais que restringem a sua imaginação, engenhosidade e expressão criativa.

O rubi ajuda a mente a ter um raciocínio e uma comunicação ativos, estimulados e motivados. Essa pedra traz com ela a responsabilidade de direcionar positivamente uma força vital mais positiva e criativa. Os rubis, naturais ou em forma de gema, são muito poderosos e devem ser usados com intenção e propósito claros.

A **KAMMERERITA** é uma pedra rara em que a presença do cromo dá origem à sua intensa cor magenta. A kammererita ajuda a mente inferior a cruzar o limiar para a Mente Superior. Quando colocada no ponto da Mente Superior, ela infunde canais espirituais sutis, ajudando a equilibrar os hemisférios do cérebro. O lado esquerdo do cérebro serve às vias racionais, lógicas e lineares do pensamento, enquanto o cérebro direito é criativo, visionário e intuitivo. Quando esses dois lados do cérebro estão em equilíbrio, a Mente Superior pode recorrer aos atributos de cada um deles, abrindo caminho para uma perspectiva expandida por meio dos cinco sentidos físicos.

O equilíbrio dos hemisférios do cérebro tem um efeito sutil sobre o fluido craniossacral que envolve o crânio e a coluna. A kammererita ajuda a regular a circulação e o ritmo desse fluxo sutil. Quando meditamos com essa pedra, podemos de fato sentir o delicado ajuste dos ossos cranianos. Após uma meditação com a kammererita, é possível ter até mesmo a sensação de que a audição, a visão, o paladar e o olfato estão mais aguçados. Trabalhar com essa pedra é como fazer uma limpeza mental, purificando e equilibrando a mente inferior, acalmando o sistema nervoso e cruzando o limiar para o santuário da Mente Superior.

A **ERITRITA** é um mineral rico em cobalto, que dá origem à sua intensa cor magenta avermelhada. Essa pedra tem a forma de belos agrupamentos radiantes de cristais finos e alongados, semelhantes a agulhas. Os cristais são pequenos, laminados, estriados e terminados. Por mais bonitos que sejam, os cristais de eritrita são ricos em arsênico, o que faz que essa pedra NÃO possa ser usada em essências de gemas.

Quando usada na Mente Superior, a eritrita revela uma forte essência de um tom de rosa profundo, que a imbui de uma presença sentida no coração. Ela tem uma capacidade inata de se conectar diretamente com o corpo emocional. É a melhor pedra para equilibrar sentimentos confusos ou inquietantes com a perspectiva da Mente Superior. A eritrita pode ajudar você a criar equilíbrio quando não consegue conciliar seus pensamentos e sentimentos. Com uma visão mais clara e maior neutralidade, você pode fazer escolhas pessoais à medida que a eritrita infunde seu corpo com a presença da Mente Superior.

Quando a alegre presença de eritrita suaviza as emoções, fica mais fácil sentir e expressar alegria nesse estado mental mais elevado. Não se surpreenda se você tiver vontade de dançar e brincar, expressando movimentos criativos de fluxo livre com sua mente desanuviada e o coração aberto se expandindo em todas as direções.

A **VESUVIANITA** é também conhecida como "idócrase", uma palavra grega que significa "mistura de formas". Esse nome indica que essa pedra combina as formas cristalinas de vários minerais. A vesuvianita se apresenta em muitas cores diferentes, inclusive o magenta, e é encontrada principalmente em Quebec, no Canadá. Também é extraída na Itália, perto do Monte Vesúvio, do qual emprestou seu nome. Os cristais são geralmente pequenos, prismático e transparentes, o que classifica a vesuvianita como uma gema.

Com seu brilho, a vesuvianita magenta abre caminho para a Mente Superior, levando com ela sentimentos de leveza e paz interior. Essa é uma pedra suave e radiante, que ilumina cada pensamento com um profundo nível de percepção. A vesuvianita magenta apoia a Mente Superior perscrutando as profundezas dos padrões mentais mais sombrios e os interpretando de uma forma mais positiva. Essa pedra expande a percepção e suaviza o autojulgamento, pois incentiva a introspecção e a reprogramação consciente.

A **EUDIALITA**, encontrada principalmente na União Soviética, contém em sua complexa estrutura muitas substâncias químicas diferentes, inclusive elementos raros. Seu tom magenta profundo nos ajuda a incutir mais consciência em nossos pensamentos, palavras e ações, enquanto estamos trabalhando com outras pessoas.

A eudialita ajuda a Mente Superior a se concentrar em objetivos comuns em parcerias, grupos ou comunidades. Essa pedra é especialmente útil quando usada em projetos dedicados a causas humanitárias. Ela serve para alinhar a energia criativa vermelha de modo a atingir objetivos que requeiram a ajuda de outras pessoas para se manifestar. Essa pedra exala calor interior e estimula a Mente Superior a unir as pessoas e criar camaradagem para manifestar metas coletivas.

A **LABRADORITA** é uma pedra preta/cinza que reflete diferentes matizes de verde, azul, dourado e magenta. Só pedras que tem o forte raio magenta atuam na Mente Superior. A labradorita magenta ajuda a alterar pensamentos e atitudes de acordo com a perspectiva da Mente Superior, interpretando os eventos da vida de uma perspectiva positiva e pessoal. Ela altera as velhas perspectivas do egocentrismo, transformando-as em humilde gratidão e acentuando o positivo.

Baseamos nossas interpretações da realidade nas nossas atitudes e crenças pessoais. Todos nós recebemos cartas boas ou ruins ao nascer, mas cada um escolhe como interpretar os acontecimentos da vida. Às vezes precisamos de uma grande mudança de perspectiva para seguirmos em frente, deixarmos o passado para trás e nos identificamos com a Mente Superior.

A labradorita magenta nos ajuda a reconhecer o lado positivo das situações, a aprender com nossas lições individuais e a nos desapegar do passado. Ela causa mudanças na nossa perspectiva pessoal que podem transformar a nossa vida.

Por se tratar de uma excelente pedra dos sonhos, ela pode ajudar a trazer informações relevantes por meio do estado onírico. Experimente fazer a si mesmo uma pergunta antes de ir dormir: "Devo aceitar a nova oferta de emprego que recebi?". Segure uma pedra de labradorita magenta em cada mão e coloque outra no ponto da Mente Superior. Peça à sua Mente Superior para guiá-lo até a resposta. Depois coloque as pedras sob o travesseiro e deixe papel e caneta ao lado da cama. Ao acordar, anote imediatamente toda e qualquer lembrança que tiver dos seus sonhos. Continue fazendo a mesma pergunta toda noite, até que consiga recordar fragmentos suficientes dos seus sonhos que, juntos, lhe deem uma resposta que faça sentido. Não é incomum que a luminescência das pedras das labradoritas magentas se intensifiquem quando são usadas regularmente em meditações ou no trabalho com sonhos.

A **LEPIDOLITA MAGENTA** não é tão comum quanto a variedade rosa/roxa dessa pedra. Ela apresenta um tom magenta mais profundo e geralmente de grau alto. A mica de lítio encontrada na lepidolita é um metal mais maleável branco--prateado, que é também o elemento sólido mais leve que existe. Os sais de lítio são usados no tratamento de problemas mentais graves, como o transtorno bipolar e a esquizofrenia. A lepidolita magenta restabelece o equilíbrio energético das suas emoções com o estímulo da Mente Superior. Ela ajuda você a deixar de se identificar excessivamente com suas emoções e a integrar impressões conscientes da Mente Superior. É especialmente benéfica para pessoas que sofrem de ansiedade, ataques de pânico, preocupação crônica, depressão ou sentimento de luto. A lepidolita magenta ajuda a acalmar a conexão entre pensamento e sentimento, o que, por sua vez, alivia a pressão emocional e eleva a energia para a Mente Superior. A partir desse ponto de vista, a conexão mente-coração-corpo torna-se mais clara e padrões de superidentificação com as emoções podem ser identificados. Com a ajuda da lepidolita magenta, você pode superar emoções fortes e atingir um estado de objetividade pessoal que equilibra o coração com a Mente Superior.

A **FLUORITA MAGENTA** é classificada como uma pedra da Mente Superior, enquanto a fluorita, em geral, é uma pedra mental. A fluorita magenta, uma das muitas variedades dessa pedra, pode se formar em aglomerados e ocasionalmente em octaedros. Podemos usar a fluorita magenta para manter a Mente Superior alerta durante períodos de muita atividade. Os aglomerados de fluorita magenta têm muitos pequeninos cubos que formam como que cidades em miniatura de uma era espacial avançada, bem organizada e estruturada. Esses aglomerados podem ajudar a mente a se manter organizada e profundamente focada na tarefa que tem à mão. Essas pedras são companheiras maravilhosas para se colocar na mesa de trabalho, em torno de computadores ou onde quer que você queira usar intencionalmente as faculdades da Mente Superior ao fazer seu trabalho.

Se houver aglomerados de fluorita magenta por perto, prepare-se para ver novos pensamentos de mentalidade superior brotando na sua consciência. Aqueles súbitos momentos de "Eureca!" trazem soluções claras para os problemas, enquanto surgem inspirações ou novas ideias. Aglomerados e octaedros de fluorita magenta inspiram a meditação ativa na sua rotina diária, com os olhos abertos, funcionando em alto nível e mantendo o foco na Mente Superior. A fluorita magenta integra a intuição com o intelecto e propicia um bom senso prático para orientá-lo nos assuntos cotidianos.

A **TURMALINA MAGENTA** é uma das muitas variedades coloridas da turmalina. A pedra magenta é a mais rara das turmalinas e tem raios mais profundos e mais fortes de vermelho e azul do que a variedade rosa, conhecida como rubelita. Ela tem longas estrias paralelas ao longo do comprimento do cristal, o que aumenta a energia transmitida através dela.

A turmalina magenta aumenta a força da luz na Mente Superior, canalizando correntes positivas de energia para os padrões de pensamento mais densos da mente inferior. Use essa pedra quando quiser sair de formas negativas obsoletas de ver a si mesmo, as outras pessoas e o mundo. Ela irá ajudá-lo a agir ao mesmo tempo em que permanece atento à sua atitude positiva. A turmalina magenta cria caminhos na Mente Superior para você expressar sentimentos positivos.

A **CALCITA MAGENTA** é semelhante à calcita rosa cobalto, mas a variedade magenta tem uma cor vermelha mais profunda e vibrante. Porém, em geral a calcita é outra pedra mental e sua palavra-chave é *mutabilidade*. Ela ajuda você a passar de pensamentos negativos para positivos instantaneamente e é especificamente eficaz quando usada na Mente Superior para suavizar os pensamentos com uma atitude mais alegre.

A calcita magenta ajuda no desenvolvimento da capacidade de deixar tudo mais leve, ao travar conversas e executar ações espontâneas. Essa pedra propicia risos, raciocínio rápido e reações alegres. A calcita magenta é especialmente benéfica para pessoas tímidas, que têm dificuldade para se entrosar com outras pessoas. É para aqueles que têm língua presa ou nunca sabem muito bem o que dizer. A calcita magenta ajuda a criar interações felizes e de mente superior, que fluem com graça e facilidade.

A **ROSELITA** é uma das mais belas pedras da Mente Superior. A cor azul-avermelhada profunda é devido ao cobalto em sua composição química. Quanto mais cobalto um mineral tem, mais intenso é o tom magenta. Nem pense em usar essa pedra em essências de pedras, pois ela também contém um alto teor de arseniato. Alguns dos melhores exemplares vêm de Marrocos.

A roselita é indicada para pessoas que sofrem de estresse. Ela conforta e acalma, ajudando a Mente Superior a ficar imune à programação mental e emocional negativa. Também auxilia a Mente Superior a manter uma autoimagem positiva e se desligar conscientemente da angústia mental, substituindo-a pela autoestima.

A roselita estimula a Mente Superior a abordar as crenças enraizadas que podem se desenvolver quando a autoproteção emocional gera determinadas atitudes e comportamentos mentais. Essa pedra também ajuda a mente a ousar se abrir novamente depois de vivenciar acontecimentos perturbadores. É um excelente cristal para pessoas que sofrem de transtornos pós-traumáticos e para aquelas que querem acessar novos recursos dentro da Mente Superior e tratar emoções intensas com pensamentos de cura, propiciando uma autoimagem melhor.

A **GRANADA MAGENTA** é uma da ampla gama de diferentes tipos de granada, cada um com seu próprio nome. Existem dois principais tipos de granada que podem se apresentar na cor magenta: a almandina e o piropo.

As formas diversificadas de granada se desenvolvem quando ocorre uma leve variação na composição química dessa pedra, conferindo-lhe a capacidade de literalmente mudar de forma e ainda assim manter uma unidade primordial. A granada magenta gera uma transmissão potente e pode se formar naturalmente com intrigantes desenhos geométricos. À medida que nos tornamos mais receptivos às energias da granada magenta, podemos aprender a arte da mutabilidade e aumentar nossa capacidade de nos adaptamos a este mundo, em constante mutação.

A granada nos ensina a aceitar as diferenças entre as pessoas, mesmo que possamos não estar de acordo com o que elas pensam. Segure na mão uma granada magenta quando souber que está na presença de pessoas que não pensam como você nem acreditam nas mesmas coisas que você acredita. Ela irá ajudá-lo a aceitar os pontos em comum entre vocês e a se conectar com esses pontos, mesmo que as divergências possam ser óbvias e extremas.

A granada magenta ajuda a criar unidade entre as pessoas, pois a Mente Superior sabe da interconexão entre todas as coisas. Em outras palavras, a granada magenta nos ajuda a reconhecer e defender o direito das outras pessoas de ter suas opiniões pessoais. Ela nos ajuda em nossa adaptação, em vez de insistir para que os outros façam isso. Quando somos capazes de nos adaptar, o caminho se abre para que aceitemos diferentes mentalidades e novas ideias.

A granada magenta pode tornar mais maleáveis as pessoas teimosas e geniosas, que sempre pensam que estão certas. Ela facilita o estado de espírito do não julgamento, pois impulsiona a nossa capacidade de mudar, como um camaleão, e de nos ajustar a diferentes pessoas ou circunstâncias sem ter que fazer concessões.

## *Layout* da Mente Superior

*Este* **layout** *requer um monitor que posicione as pedras, mantenha o espaço, monitore o tempo da sessão e garanta que o receptor respire profundamente ao longo de toda a sessão.*

*Objetivo:* Infundir maior consciência na Mente Superior com o magenta, aterrá-la no sistema de chakras e romper padrões mentais obsoletos.

*Materiais necessários:* Uma pedra do raio magenta da sua escolha, um nódulo de azurita para romper bloqueios subconscientes, uma varinha de cianita para acalmar a mente e iniciar novas formas-pensamento, cinco pedras de calcita romboide para fazer a ponte de energia através do sistema de chakras e quatro pedras de turmalina preta no chão.

*Instruções:*

❋ Coloque a pedra do raio magenta no ponto da Mente Superior, o nódulo de azurita no terceiro olho e a varinha de cianita tocando a parte de trás e superior da cabeça. Disponha pedras de calcita romboide transparente no chakra da Garganta, do Coração, do Plexo Solar e do Umbigo e no chakra criativo. Coloque a turmalina preta no chakra da Base, nas mãos e na Estrela da Terra.

※ Pratique a respiração longa e profunda enquanto visualiza um raio magenta entrando em seu cérebro através do ponto da Mente Superior, durante a inspiração. Ao expirar, continue a visualizar a cor magenta irradiando do centro do cérebro para baixo, através do sistema de chakras, até ancorar na Estrela da Terra.

※ Mantenha o foco concentrado na respiração e continue direcionando os pensamentos para servir a um propósito maior, voltando a visualizar contínua e deliberadamente o raio magenta cada vez que a mente começa a divagar. Continue dessa maneira por 11 a 22 minutos ou até perder a concentração.

※ Retire as pedras, deixando a pedra magenta por último. Limpe as pedras.

## *Layout* da Mente Superior

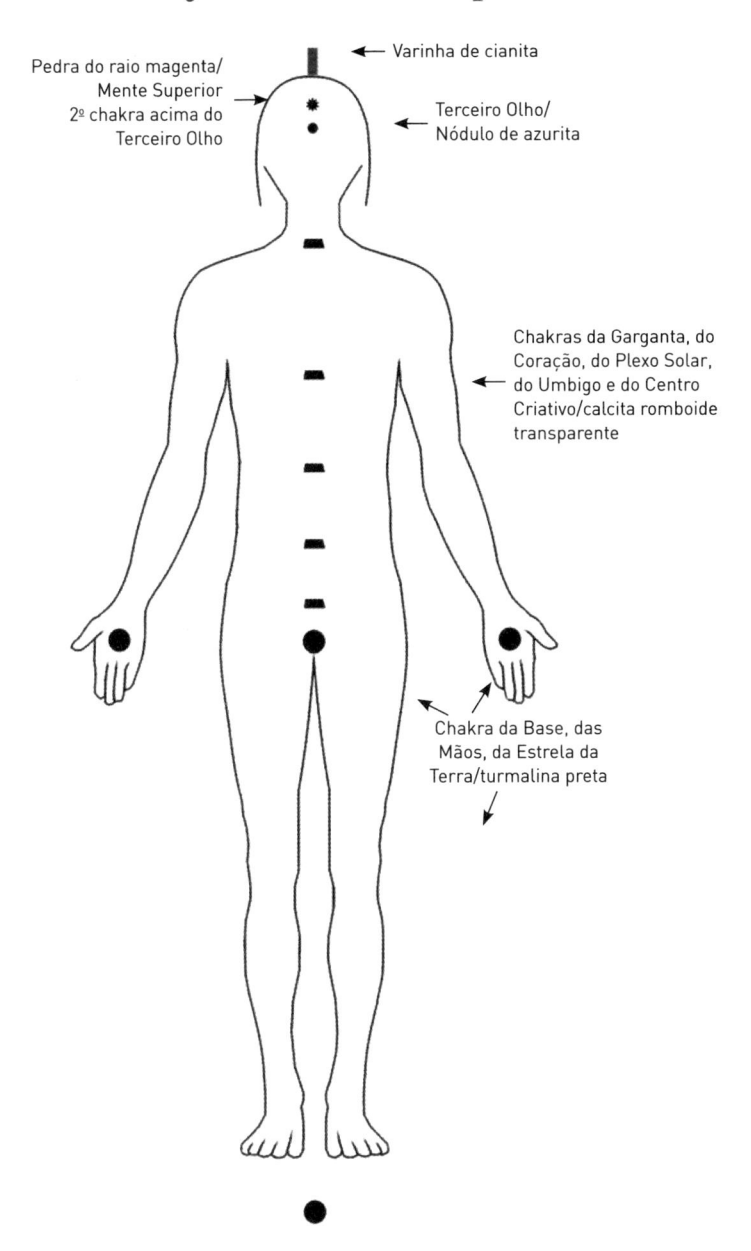

Pedra do raio magenta/
Mente Superior
2º chakra acima do
Terceiro Olho

Varinha de cianita

Terceiro Olho/
Nódulo de azurita

Chakras da Garganta, do
Coração, do Plexo Solar,
do Umbigo e do Centro
Criativo/calcita romboide
transparente

Chakra da Base, das
Mãos, da Estrela da
Terra/turmalina preta

# Capítulo 3

# O CORAÇÃO SUPERIOR

## O Equilíbrio das Polaridades Masculina e Feminina

O coração humano é algo extremamente precioso. O batimento que garante a vida começa nos estágios iniciais do crescimento embrionário. A partir desse começo primitivo, ele continua a bater até o último alento. O batimento cardíaco é uma presença constante mesmo que raramente paremos para pensar nele e apreciá-lo, dizendo: "Meu coração está batendo agora". Raramente procuramos sentir a pulsação consistente da vida fluindo através de nós, enquanto nosso coração mantém o ritmo com a progressão da nossa vida.

Na prática da cura pelos cristais, entendemos que as percepções espirituais, psicológicas e emocionais podem fazer com que o corpo perca seu alinhamento e manifeste a doença física. O coração humano é um dos órgãos mais sensíveis a esses desequilíbrios sutis. A doença cardíaca é um dos principais fatores que levam adultos à morte, mas as causas básicas raramente são abordadas. O cultivo de uma parceria consciente com seu próprio coração é um dos relacionamentos mais valiosos que você pode ter.

Você já parou para perguntar ao seu coração como ele está se sentindo e realmente parou para ouvir a resposta? Se você fizer isso, é mais do que provável que ele tenha muito a dizer.

Você pode descobrir que uma mágoa residual provocada por relacionamentos ou lembranças passadas pode vir à tona, em momentos em que você sente o *coração partido*. No chakra do Coração (centro do peito), todos esses problemas cardíacos não resolvidos criam padrões de pensamento, sentimento e existência que se tornam, em todos nós, problemas cardíacos.

Vivemos num mundo de opostos: sol e lua, dia e noite, claro e escuro, vida e morte, yin e yang, macho e fêmea, e aquilo que definimos como *bom* ou *ruim*. Dentro de cada um de nós existem aspectos masculinos e femininos, embora tenhamos nascido no corpo de um homem ou de uma mulher. Cada polaridade também contém em si o lado oposto. Esse sistema dual é um todo em si mesmo quando ambos os aspectos positivos e negativos incluem um ao outro. Dentro de cada um de nós existe o céu e a terra. Nós constantemente respiramos, inspiramos e absorvemos o precioso oxigênio de fora e depois o devolvemos ao expirar, numa troca constante com as forças que literalmente nos dão a vida.

Desde as cinzas da pré-história, conhecemos a longa jornada que a humanidade fez pelos corredores do tempo.

Por exemplo, sabemos que nos primeiros períodos dos registros históricos, existiam religiões nas quais as pessoas adoravam uma divindade feminina. Essa cultura da Grande Deusa existiu em muitas partes do mundo simultaneamente. A Terra e toda a vida sobre ela foram o presente generoso DELA. ELA foi cultuada desde o início dos períodos neolíticos, que remonta a 7.000 a.c., até o fechamento do último templo dedicado à Deusa, por volta de 500 d.C. Algumas autoridades estimam que o culto à Deusa existia desde 37.000 a.c. A Deusa era reverenciada pela sua capacidade de recriar continuamente a vida e renovar o solo com fertilidade. Isso implica o alinhamento das forças naturais da Terra com o Sol, a Lua e as estrelas. Dava-se um grande valor à capacidade da mulher de literalmente dar à luz uma nova vida dentro de si mesma. Tratava-se de um sistema matriarcal e, em sua maior parte, não guerreira e pacífica por natureza. Os homens eram incluídos e representavam grande parte da sociedade, mas, não se engane, a Grande Deusa era a Regente.

Com o surgimento das religiões patriarcais do Judaísmo, Cristianismo e Islamismo, o pêndulo começou a pender para a direção oposta e o poder da Deusa foi envolto nas brumas do tempo. Durante os primeiros períodos do Cristianismo, ao longo dos anos de 1600, o poder das mulheres foi completamente reprimido e elas passaram a ser vistas como criaturas vis. Multidões de mulheres proeminentes — curandeiras, herbanárias e parteiras natas — foram condenadas como bruxas e queimadas na fogueira. Durante milhares de anos, vivemos dentro de um patriarcado que define Deus como um ser masculino. A mulher é retratada como a fonte original de dor e sofrimento da humanidade, porque muito tempo atrás, uma mulher quis comer da Árvore do Conhecimento.

Hoje, o desequilíbrio de poder entre as forças yin e yang não pode deixar de exercer um efeito pessoal sobre o coração de cada um de nós. Não é fácil equilibrar nossas polaridades masculinas e femininas interiores quando as religiões atuais promovem um Deus masculino onipotente, que não reconhece Sua outra metade. No Coração Superior, nós nos esforçamos para encontrar um equilíbrio complementar nas polaridades do nosso próprio coração — o de masculino e feminino.

As polaridades não precisam estar em oposição. Elas podem estar em harmonia. O objetivo é que cada lado polar complemente o outro e, literalmente, criem o todo. Esse é o processo de evolução rumo ao Coração Superior. À medida que equilibramos as polaridades masculina/feminina dentro do nosso próprio coração, o pêndulo que oscila de um extremo ao outro, entre matriarcado e patriarcado, pode encontrar o equilíbrio e a paz no verdadeiro equilíbrio do coração.

# Ativação do Coração Superior

Quando comecei a praticar a cura pelos cristais nos anos 1970, eu praticava yoga havia algum tempo e estava muito familiarizada com o sistema padrão dos sete chakras védicos. No entanto, à medida que eu trabalhava com os cristais, ficava cada vez mais evidente o quanto era importante dispor os cristais sobre o plexo solar e ao redor dele. Isso criou um oitavo chakra. Parecia estranho trabalhar com um sistema de oito chakras, algo que não estava de acordo com o conhecimento padrão. Mas o plexo solar teve que ser incluído porque uma grande dose de energia emocional não resolvida se instala ali. Ele é a porta de entrada do coração. Na prática da cura pelos cristais e *na disposição das pedras*, o plexo solar é tratado como um chakra. O trabalho sobre essa região ajuda a expandir e liberar o chakra do Coração. Emoções não expressas ou mal administradas migram do chakra do Coração para o chakra do Plexo Solar e, a menos que ele seja tratado e conscientemente purificado, pode bloquear o fluxo de energia natural do coração. Um plexo solar bloqueado também pode interferir na respiração, tornando-a mais superficial, e na digestão dos alimentos.

    Muitos anos depois, eu já tinha aprendido mais com os estudos, a meditação e o trabalho com essas informações atualizadas do Corpo Superior. Eu agora entendo que o chakra do Coração tem quatro níveis: o plexo solar, o chakra do Coração, o Coração Superior e o Coração Universal, que é a fonte do amor.

    À medida que aprendemos a respirar fundo através do plexo solar e vivenciamos as emoções sem reprimi-las, a energia pode se elevar até a capacidade inata do coração de sentir amor. Libertando-nos da energia emocional reprimida, permitimos que mais sentimentos sinceros surjam. Então, com intenção consciente e força de vontade, podemos elevar a energia ainda mais, cruzando o limiar para o Coração Superior. Somos elevados até o nosso Coração Superior, quando abraçamos nosso masculino e feminino interiores como parceiros iguais e criamos equilíbrio entre as forças duais dentro de nós.

## A Glândula Timo

No Coração Superior, nós nos esforçamos para unir nosso masculino e feminino interiores no centro da glândula timo. Essa glândula espiritual está localizada no corpo, abaixo do ponto Coração Superior, cinco centímetros acima do chakra do Coração.

Quando os bebês nascem, a conexão que eles têm com o mundo espiritual é muito forte. A glândula timo, no centro do Coração Superior, secreta substâncias e é muito ativa até os 2 anos de idade. No entanto, por volta dos 7 anos, quando as crianças aprendem a intelectualizar e começam a se identificar com seu corpo físico e o mundo ao redor, essa porta aberta para o coração espiritual começa a sofrer mudanças.

Conforme as crianças da escola primária começam a ter suas próprias preocupações na sua vida pessoal, a secreção da glândula timo começa a diminuir gradativamente. Aos 14 anos, quando as crianças entram na puberdade, a identificação total com as questões do plano físico prevalece e a glândula se atrofia.

Nessa fase, quando os hormônios começam a ser produzidos, a atração sexual domina e a identidade de gênero se torna mais importante. Com a pressão dos colegas e os altos e baixos dos relacionamentos, o masculino e feminino interiores desenvolvem atitudes e crenças sobre o eu, bem como sobre o sexo oposto. A partir de então, a glândula timo se fecha e permanece assim, a menos que seja conscientemente reativada no Coração Superior.

Podemos reativar essa glândula espiritual muito importante no Coração Superior. É possível desenvolver um relacionamento profundamente pessoal com nosso masculino e feminino interiores e retornar a um estado de receptividade ao Coração Universal. É preciso um esforço pessoal consciente para equilibrar as forças duais dentro de nós, reativar a glândula timo e reacender as luzes do Coração Superior.

## A Respiração do Coração Superior

Para praticar a respiração do Coração Superior, primeiro se alinhe com o Coração Universal, visualizando sua alma se conectando com o grande sol central, no núcleo da nossa galáxia, a Via Láctea. Isso vai expandir seu senso de si mesmo na direção do Coração Universal, do qual você pode extrair uma quantidade infinita de amor. Mantenha sua conexão consciente com o Coração Universal e inspire profundamente pela barriga, enchendo a parte inferior dos pulmões primeiro e deixando que o diafragma se expanda.

Continue a inspirar profundamente enquanto enche a parte média dos pulmões e, por fim, sua parte superior. Ao expirar, visualize sua respiração retornando diretamente para o Coração Universal. Continue assim por pelo menos onze minutos. Pratique a respiração profunda consciente do Coração Superior o máximo que puder, em todas as oportunidades que tiver. Pratique em casa, no trabalho, no lazer, no meio de uma conversa, em cada momento de Mente Superior de que você se lembra.

## Frequências Cromáticas do Coração Superior

Já mencionei que recebi as informações originais do Coração Superior em 1994, no momento exato em que o cometa Shoemaker-Levy 9 caiu em Júpiter, o planeta da expansão. As pessoas da Terra olharam para cima, ávidas para ver o nosso maior planeta gasoso impregnado com uma massa de cristais de gelo e poeira espacial na forma de um cometa. Eu pessoalmente me senti bombardeada com novas informações e, durante vários anos depois disso, o conteúdo que recebi não me pareceu claro.

Notei que várias cores dos Corpos Superiores se manifestavam em combinações de cores. Por exemplo, na Mente Superior, trabalhamos com o raio magenta, a combinação de vermelho e roxo. As cores que refletem o Coração Superior são o suave azul-celeste e o laranja ígneo. Essas cores misturadas, no entanto, criam um pigmento turvo, que para mim não representa o Coração Superior. Por causa disso, por muito tempo eu fiquei confusa e me questionei várias vezes.

Por fim, comecei a me dar conta de que talvez essas cores não devessem ser misturadas para formar uma terceira. Talvez elas devessem ficar separadas. Mas ainda assim, eu não conseguia entender por quê. Aos poucos, comecei a perceber a verdade. No Coração Superior, os raios de cor laranja ígneo brilhante e azul-celeste suave se juntam, mas não se misturam. Em vez disso, cada um mantém sua própria cor e identidade, antes de se unirem como parceiros tântricos do Coração Superior. Cada lado é completo em si mesmo.

O aspecto masculino é o raio alaranjado ígneo, agressivo e/ou assertivo, o guerreiro espiritual, o solar, yang e a essência que motiva a ação. O azul-celeste suave é o aspecto feminino do yin, suavizante, calmante, pacífico, interior, lunar e nutriz. Cada aspecto é autônomo e não abre mão de nada de sua natureza básica para se unir ao outro.

Em vez disso, cada um mantém sua integridade primordial para criar um masculino-feminino interior equilibrado, que reside no Coração Superior.

Dentro de cada um de nós existe um aspecto masculino e feminino. Normalmente uma pessoa se identifica com o lado masculino ou feminino, dependendo do seu gênero. Mas, lembre-se, as mulheres têm uma polaridade masculina no Coração Superior, assim como os homens têm uma polaridade feminina no Coração Superior. Como mulher, geralmente expresso meu lado feminino, mas, cada vez mais, à medida que a ativação do Coração Superior ocorre, estou cada vez mais consciente do meu aspecto masculino. Conforme me alinho com o masculino interior do meu Coração Superior, invoco conscientemente minha força interior como uma guerreira espiritual do coração.

Eu invoco minha capacidade de agir e permaneço forte em meio à crise. Invoco o meu eu masculino para me ajudar a manter um estado geral de vitalidade e para me proteger de influências negativas externas.

Vênus é o planeta da Deusa e representa o feminino. Seus raios azul-celeste e branco suavizam, nutrem, ajudam a resfriar o fogo, trazem conforto e amenizam a tempestade. Marte, com sua cor vermelho-laranja brilhante, é o planeta do masculino, que motiva, ativa, reafirma e realiza. Cada um de nós precisa tanto do nosso masculino interior quanto do feminino interior funcionando juntos simultaneamente, conforme avançamos pela vida.

Para conseguir isso, primeiro precisamos reconhecer o lado polar do Coração Superior e nos sintonizar com ele. Como mulheres, precisamos olhar para todo e qualquer problema emocional não resolvido com relação aos homens, que possamos ainda guardar no coração. No caso dos homens, o lado feminino do coração, que é sensível e ligado aos sentimentos, precisa ser reconhecido, sintonizado, trabalhado e aceito. Cada um de nós deve realizar a sua própria cura e equilibrar as forças yin e yang dentro de nós. Só a partir de então o raio azul-celeste suave e claro e o alaranjado ígneo brilhante podem ficar lado a lado, amparados e equilibrados num verdadeiro estado de Coração Superior.

O Coração Superior é um estado de ser confiante, amoroso e seguro de si. Nesse estado, conscientemente ligado ao mais alto grau de amor do Coração Universal, uma compreensão maior e reações mais compassivas se tornarão naturais. O Coração Superior é completo, equilibrado e emocionalmente autossuficiente, pois ele recebe alimento em abundância diretamente do Coração Universal. Quando aprendemos a viver no Coração Superior e a manter o equilíbrio interior entre masculino e feminino, novos sentimentos evoluem, incluindo ambas as polaridades. Nessee estado de unidade, uma bondade maior e uma compreensão mútua podem aflorar.

## Pedras do Coração Superior

As frequências cromáticas do Coração Superior são criadas pela combinação iluminada de azul e branco para o feminino e a combinação de vermelho e laranja, que dá origem ao laranja ígneo, para o masculino.

O laranja é uma combinação de vermelho e amarelo. Adicione outro raio vermelho puro ao laranja e você tem a fórmula cromática para o Polo Masculino do Coração Superior. Com dois raios vermelhos presentes, uma poderosa força vital é criada, representando o fogo espiritual do Polo Masculino do Coração Superior. Esse fogo queima a escória e se torna um guerreiro espiritual.

Tenha em mente que o lado esquerdo representa o feminino e o lado direito, o masculino. Se você está se sentindo deprimido, triste ou solitário, ative o Polo Masculino do seu Coração Superior com uma pedra laranja ígnea, dispondo-a do lado esquerdo do peito. Em seguida respire profundamente.

Isso permitirá que seu lado masculino trate o seu lado feminino e o convença a sair da crise, incentivando a aumentar sua vitalidade e movimento. Por outro lado, se você está se sentindo agitado, frustrado ou com raiva, pegue uma pedra azul-celeste suave e leve-a para o lado direito do Coração Superior para ajudar a acalmá-lo, suavizá-lo, relaxá-lo e confortá-lo.

Veja a seguir uma lista das pedras do Polo Masculino do Coração Superior no tom vibrante de laranja ígneo e as pedras femininas do Coração Superior, no suave tom azul-celeste. Todas elas são encontradas em variadas gamas de cores. Para ativar o Coração Superior, use um laranja/vermelho brilhante para o masculino superior e um azul-claro quase branco para o feminino superior. Ao trabalhar com o Coração Superior, esses raios coloridos precisam ser específicos. A vanadinita para o masculino e a celestita para o feminino refletem muito bem esses raios coloridos. Só esteja ciente de que cada pedra tem suas próprias propriedades terapêuticas. É possível que você encontre pedras que tenham o laranja ígneo e o azul-celeste contidos nelas, mas são raras.

## Resumo das Pedras do Polo Masculino do Coração Superior

### Pedras de cor vermelho-alaranjado ígneo

A **CORNALINA** é um quartzo que manifesta perfeitamente o tom do raio vermelho-alaranjado profundo. Ela energiza o

Polo Masculino do Coração Superior com motivação e iniciativa para se levantar e criar cada dia de uma maneira positiva.

A **VANADINITA** é uma das melhores pedras do Polo Masculino do Coração Superior. Ela é de natureza hexagonal e traz o Polo Masculino do Coração Superior ao equilíbrio com seu contrapeso feminino.

A **GEMA RODOCROSITA** ajuda o Polo Masculino do Coração Superior a transmutar a raiva e as emoções negativas em empatia sincera.

A **ZINCITA VERMELHA-ALARANJADA** auxilia na liberação de toxinas de padrões físicos e emocionais.

A **PEDRA DO SOL** ilumina e faz brilhar enquanto energiza o Polo Masculino do Coração Superior com inspiração espiritual.

**GEMA ESFALERITA**, uma joia rara na coroa do Polo Masculino da Mente Superior, ela ajuda o eu masculino a ser generoso e amoroso com seu complemento feminino.

A **AMONITA OPALIZADA** é composta de fósseis marinhos de concha dura, há muito extintos, que tomam a forma de espirais. Quando a água é exposta à amonita nas condições certas, ela se torna a opala e gera uma cor vermelho-alaranjada profunda. Essa pedra propicia a evolução consciente de uma programação emocional antiga e que não é mais útil para sentimentos de escolha recém-criados.

A **CALCITA VERMELHO-ALARANJADA** ativa a energia criativa para que se façam mudanças positivas capazes de integrar o Polo Masculino do Coração Superior na vida cotidiana, para manifestar uma nova maneira de ser.

A **GRANADA**, especificamente a espessartita e a almandina, tipos de granada que apresentam a cor vermelho-alaranjada, é uma pedra que reanima o Polo Masculino do Coração Superior com coragem e resistência para enfrentar situações difíceis e propicia a transição de comportamentos reacionários indesejados para respostas conscientes.

## Resumo das Pedras do Polo Feminino do Coração Superior

### Pedras de cor azul-celeste suave

A **CELESTITA** é uma das melhores pedras para o Polo Feminino do Coração Superior, pois traz a essência do reino celestial e auxilia o eu feminino a manter a paz interior, enquanto vive no mundo moderno.

A **ÁGATA RENDA AZUL**, um membro da família do quartzo, essa pedra auxilia o feminino interior a se comunicar com as outras pessoas, expressando-se de forma leve, clara e direta.

A **ANGELITA**, também conhecida como anidrita azul-clara, introduz a energia pacífica em ambientes excessivamente carregados. Ela ajuda a acalmar, suavizar e nutrir, e tira o ardor de emoções inflamatórias reacionárias.

A refração única da **PEDRA DA LUA ARCO-ÍRIS** provoca o efeito arco-íris azulado, estimulando o feminino interior. Essa pedra nos ajuda a aceitar todo o espectro das emoções humanas sem julgamento, enquanto nos abraça suavemente, permitindo-nos amar a nós mesmos e aos outros, não importa o que estejamos sentindo.

A **CALCITA AZUL-CLARA** nos ajuda a nos elevar acima de emoções e circunstâncias insatisfatórias e nos ajuda a fazer as mudanças necessárias para dar ao Polo Feminino do Coração Superior uma voz clara e uma nova direção.

A **CIANITA** ajuda o feminino interior a formar uma nova autoimagem, fortalecida com amor-próprio e respeito por si. Lance mão do Coração Superior para ajudar na criação de novas ideias e novos sentimentos sobre a verdadeira natureza da expressão feminina.

A **SMITHSONITA AZUL** cria uma presença delicada para acalmar e confortar, encorajando a força suave e a ação sensível. Ela alivia as tensões do dia a dia. Se você estiver numa situação difícil, a smithsonita azul irá ajudá-lo a relaxar e a encarar tudo com mais leveza.

A **CALCEDÔNIA AZUL**, uma variedade de quartzo, ela alivia a depressão causada pela falta de expressão feminina. E ajuda o Coração Superior a nutrir a si mesmo e reunir forças para expressar o lado feminino sensível.

## Meditação do Coração Superior

Essa meditação de quinze minutos vai ajudá-lo a se conectar e equilibrar seu lado masculino e feminino interiores. Segure uma pedra de um tom suave de azul-celeste na mão esquerda e uma pedra de um tom cor-de-laranja ígneo na mão direita. Tenha papel e caneta ao alcance da mão, para que você possa anotar as respostas sutis que receberá.

Sente-se confortavelmente, mantendo a coluna o mais reta possível.

Feche os olhos e respire fundo. Com a mão direita, leve a pedra laranja até o lado esquerdo do peito. Respire fundo por cinco minutos e convide seu lado masculino a investir algum tempo e esforço para comungar com seu feminino interior sem julgamento, para conhecê-lo melhor.

Por exemplo: Ele pergunta: "Como você está? O que você precisa? Como posso apoiá-lo? Como posso ficar em harmonia com você?". O lado masculino do Coração Superior ouve a resposta do lado feminino sem resistência ou hesitação, atento a qualquer coisa que ele tenha para compartilhar. Depois de cinco minutos, baixe a mão direita novamente e se concentre no ponto do timo do Coração Superior.

Em seguida, pegue com a mão esquerda a pedra de suave tom azul-celeste e segure-a do lado direito do peito por cinco minutos. Agora o lado feminino do Coração Superior vai ouvir o lado masculino com aceitação. Ele pergunta: "Como você está? O que você precisa? Como posso apoiá-lo e nutri-lo melhor?". Seu lado feminino permanece receptivo ao lado masculino, enquanto ouve atentamente as respostas que surgirão espontaneamente do seu masculino interior.

Depois de cinco minutos, leve a mão direita, ainda segurando a pedra, até a mão esquerda, já sobre o peito. Certifique-se de que seus punhos estejam cruzados sobre o ponto do Coração Superior. Esse é um território neutro onde ambos os lados podem coexistir harmoniosamente, com o poder equilibrado e a mais elevada consideração mútua. Continue a respirar profundamente nessa posição por mais cinco minutos, enquanto seus lados masculino e feminino negociam para encontrar o melhor equilíbrio no Coração Superior. Depois de cinco minutos, coloque as mãos ao lado do corpo e solte as pedras. Tome nota da sua experiência interior e limpe-as. Se praticada todos os dias, essa meditação pode ajudar a equilibrar suas forças yin e yang.

Essa meditação pode trazer à consciência seus padrões de relacionamento homem/mulher em geral e trazer à tona desequilíbrios, como, por exemplo, um homem que se recuse a permitir qualquer expressão feminina suave e sensível, ou um feminino interior que domine o masculino e seja passivo demais para sair da cama pela manhã.

Padrões pessoais nas relações homem/mulher, pai/mãe, trabalho/descanso e dar/receber podem vir à tona com essa meditação. O objetivo sempre é equilibrar essas forças no processo de crescimento em direção ao Coração Superior. Qualquer coisa que um lado relate ao outro deve ser levado em conta para garantir a manutenção do plano pessoal. Em outras palavras, se o lado masculino diz: "Estou exausto, preciso descansar", então mais descanso é necessário. Se o lado feminino diz para o lado masculino: "Preciso de mais carinho", então é uma responsabilidade do Coração Superior fazer o possível para nutrir o lado feminino. À medida que você se torna mais consciente do seu masculino e feminino interiores, surge a oportunidade de criar um equilíbrio interior que se manifestará em seu relacionamento consigo mesmo, com todos ao seu redor e com a própria vida.

## Grade Hexagonal Dupla do Coração Superior

Para manter um estado de equilíbrio harmonioso entre o masculino e feminino interiores, crie essa grade hexagonal dupla do Coração Superior, para ancorar essa realidade. O hexágono é uma forma geométrica encontrada na natureza, que tem seis lados do mesmo tamanho. Vários cristais, assim como o quartzo, têm forma hexagonal, que é multidimensional e contém aspectos yin e yang. O hexágono, formado pelo entrelaçamento de dois triângulos equiláteros, representa a máxima "como acima, assim abaixo" e simboliza a interação complementar infinita de forças duais.

Crie esta grade em seu altar ou use-a sobre o Coração Superior, num *layout* de cura pelos cristais. Você precisará de seis pedras do sol roladas, seis pedras da lua arco-íris roladas e uma peça de qualquer pedra do Coração Superior que você prefira usar. Comece com as pedras do sol. Quando estiver construindo a grade hexagonal dupla, você primeiro fará um triângulo com o vértice apontando para o céu. Esse é o aspecto masculino, que se eleva da base e aponta para cima.

Em seguida, disponha três pedras do sol no formato de um triângulo equilátero, mas com o ápice voltado para baixo. Esse é o aspecto feminino. Esse triângulo fica embutido no primeiro, criando um hexágono. Em seguida coloque as pedras da lua no interior do hexágono das pedras do sol, entre cada uma dessas pedras. Isso vai formar outro hexágono interno, produzindo doze pontas ao todo (seis internas e seis externas). As pedras do sol masculinas envolvem as pedras da lua femininas, mas na grade as polaridades masculino e feminino estão perfeitamente equilibradas. Essa grade se autoperpetua, pois pode continuar a ser construída para fora, bem como para dentro, infinitamente.

Posicione qualquer pedra do Coração Superior que você desejar, usando o espaço interior em torno das pedras da lua. Por exemplo, a vanadinita, uma pedra masculina do Coração Superior, enfatiza a ativação do lado masculino do Coração Superior. Use essa pedra se você for fisicamente ativo e precisar ser assertivo e criativo. Por outro lado, se você precisa se acalmar, meditar, aliviar o estresse ou apenas relaxar, o espaço interior do hexágono também pode conter uma pedra feminina do Coração Superior, como a celestita. Depois de construir essa grade num altar, você pode substituir a pedra interna quando necessário.

# Grade Hexagonal Dupla do Coração Superior

*Objetivo:* Criar um equilíbrio harmonioso entre yin e yang, os aspectos masculino e feminino do Coração Superior. Essa grade pode ser construída sobre um altar, numa área que precise de equilíbrio ou como um *layout* de cura pelos cristais.

*Materiais necessários:* Seis pedras do sol roladas (para o Masculino do Coração Superior), seis pedras da lua arco-íris roladas (para o Feminino do Coração Superior) e uma pedra do Coração Superior da sua escolha.

*Instruções:*

❋ Com três pedras do sol, crie um triângulo equilátero com o ápice apontando para cima, em direção ao céu (aspecto masculino).

❋ Use as outras três pedras do sol para criar um triângulo equilátero com o ápice apontando para baixo, em direção à terra (aspecto feminino). Esse triângulo é construído dentro do primeiro, criando um hexágono.

❋ Coloque as seis pedras da lua entre as pedras do sol, dentro do hexágono de pedras do sol, criando um hexágono interior. As pedras do sol masculinas envolvem as pedras da lua, mas cada grade tem um equilíbrio masculino/feminino perfeito.

❋ Para finalizar a grade, coloque a pedra do Coração Superior escolhida no centro da grade hexagonal dupla.

## Grade Hexagonal Dupla do Coração Superior

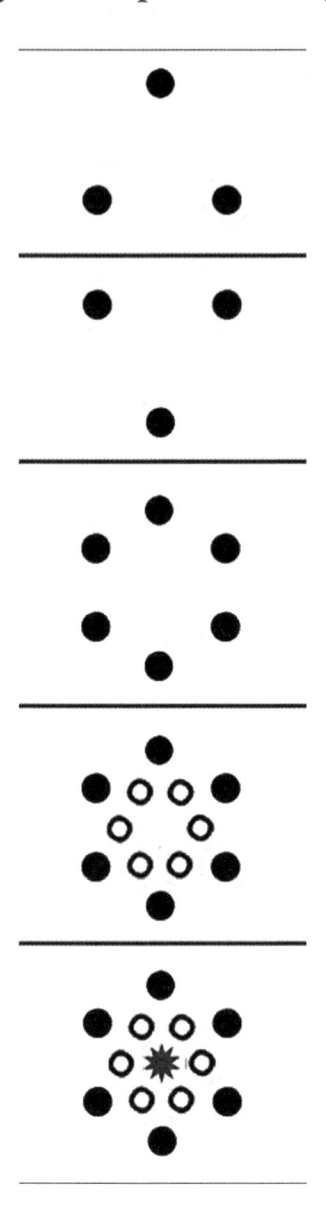

# Essência de Pedras do Coração Superior

Em 2002, eu estava ministrando um curso avançado de cura pelos cristais na Itália e compartilhando algumas informações contidas neste livro. Durante esse período, uma das minhas alunas me deu a pedra de obsidiana mais incrível que eu já tinha visto. Ela fazia parte de uma coleção particular de um missionário que havia trabalhado por mais de duas décadas no deserto do Saara, no norte da África. A pedra ficou então guardada por muitos anos.

Essa pedra de obsidiana do tamanho da palma da mão é em parte azul e em parte laranja, a combinação de cores do Coração Superior. Ela ficou no altar todos os dias e passou a fazer parte do curso. Ao longo da semana, todos no grupo tiveram a chance de se conectar diretamente com ela.

Um dia antes do término do curso, uma das minhas alunas perguntou se poderia fazer uma essência de pedras com a obsidiana azul e laranja. Todos concordamos que era uma ótima ideia. Ela chegou ao curso no dia seguinte com dois grandes recipientes de vidro da Essência de Pedras do Coração Superior, mais do que o suficiente para todos levarem um pouco para casa.

Quando devolvi a obsidiana ao altar, notei que a parte de cor azul tinha ficado mais clara. Antes que eu dissesse alguma coisa, uma aluna observou que a pedra parecia mais brilhante e mais transparente. Passamos a pedra ao redor do grupo e todos concordaram que sim, de fato, o próprio preparo da essência de pedras do Coração Superior tinha agradado tanto a obsidiana que ela estava brilhando mais forte e se tornado "cintilante".

Levei a obsidiana e o elixir para casa, com a intenção de tentar preparar meus próprios remédios. Em meus cursos seguintes, meus alunos estavam mais do que dispostos a servir como cobaias e tomar o remédio para o Coração Superior por seis semanas. Eles prometeram relatar os resultados e veja aqui alguns dos comentários que fizeram:

☺ "Ele me ajuda a dormir porque é calmante."

☺ "Ele afetou meu chakra da garganta e começou a limpar os canais do meu Coração Superior."

☺ "O elixir me ajudou a perceber minha antiga crença de que uma parte de mim está faltando e esse vazio precisa ser preenchido por algo ou alguém de fora. Eu percebi que preciso aceitar que tenho o masculino e o feminino completos dentro de mim, para ativar o Coração Superior."

☺ "Esse remédio me afetou muito sutilmente, mas de maneira muito profunda, como uma limpeza delicada e suave e a reparação do meu lado emocional num nível superior."

☺ "Meu masculino e meu feminino interiores tinham muito a dizer um ao outro."

☺ "Quando comecei a tomar esse remédio, senti meu coração se abrir e, ao mesmo tempo, senti medos começando a surgir. Me obrigando a enfrentá-los de frente. Eu podia me sentir transcendendo esses medos e tomei as medidas apropriadas na minha vida."

☺ "Senti uma profunda paz interior e uma profunda compreensão dos outros num nível emocional. Ele me ajudou a me misturar com o amor incondicional do coração e a aceitação dos outros."

☺ "Ela me ajuda a ter mais compaixão por mim mesma; a ser menos dura comigo e a aceitar as pessoas e acontecimentos como são, como parte da teia da vida, acontecendo por uma razão, na ordem perfeita, no tempo perfeito do divino."

☺ "Esse remédio tira minha atenção da minha mente agitada e a desvia para o meu coração, onde posso me tornar mais terna e aberta, e minha respiração pode ser expandir. Eu sinto que posso relaxar de certo modo e não preciso proteger meu coração, porque está se formando uma proteção suave, mas sólida. Eu posso ir cuidar da minha vida e não ser afetada por coisas que poderiam, de outra maneira, ferir meus sentimentos."

Desde então, tenho mantido essa preciosa obsidiana perto de mim, no meu altar pessoal. Ela ficou muito mais clara e o azul é quase todo cintilante agora. É uma pedra "única", que demonstra que a evolução para o Coração Superior está em processo.

Como o azul está ficando mais transparente, o feminino do Coração Superior talvez seja mais receptivo a esse processo.

Use pedras de um tom ígneo de laranja e pedras de um tom azul-celeste suave para praticar a Meditação do Coração Superior, o *Layout* do Coração Superior e a Grade do Coração Superior. Conheça as características do seu próprio masculino/feminino interior. À medida que conhecer o lado masculino e feminino da sua própria natureza, procure equilibrá-los. Dê igual expressão a cada um eles e aprenda como podem servir um ao outro. Ao aplicar essas práticas, faça a mediação entre os dois, cuidando de ambos e identificando-se com cada lado igualmente, sem preconceito ou favoritismo. Quando você se dispuser a curar a separação entre o yin e o yang interiores, você estará desbravando o caminho para o seu próprio Coração Superior.

## Guerreiros do Coração

O Polo Masculino do Coração Superior é responsável por extrair o poder do raio vermelho duplo contido em sua frequência cromática. O vermelho é a cor da vida, do fogo, da vitalidade, do poder, da sexualidade e da energia criativa. Quando usada com a intenção errada, a energia vermelha pode promover o conflito e a guerra. Quando ativamos os Corpos Superiores com essas frequências cromáticas, é de extrema importância que usemos a energia vermelha para fins positivos. Se o vermelho estiver turvo com o abuso de poder do ego, o resultado não servirá para nenhum propósito positivo. É de vital importância, ao usar conscientemente o raio laranja ígneo do Polo Masculino do Coração Superior que ele seja equilibrado com o Polo Feminino do Coração Superior, antes que se execute qualquer ação. Se mal utilizado, ele pode aumentar a raiva ou a malícia, tornando inevitável a reação kármica e, espera-se, rápida.

Coragem, resistência, dedicação, afirmação positiva, valor, bravura, destemor, força, veracidade, integridade, honestidade e força são alguns dos traços que representam o aspecto masculino do Coração Superior do Guerreiro do Coração. Temos de incluir essas características em nosso caminho espiritual se quisermos empreender uma ação forte neste novo milênio.

O Guerreiro do Coração sabe que a vida pode ser difícil e que existem muitos estágios e mudanças diferentes que irão inevitavelmente ocorrer ao longo da vida. Ser um Guerreiro do Coração não significa que você não entrará em ciclos difíceis na vida. Pelo contrário, significa que, quando você cai, você aprende, se cura, se nutre e se recupera. E em seguida você escolhe voluntariamente se levantar e continuar seguindo em frente em seu caminho. Um Guerreiro do Coração nunca desiste.

Guerreiros do Coração não se voltam agressivamente contra aqueles que são diferentes. Eles estão dispostos a colocar fogo em seus corações numa ação positiva, com a finalidade de criar soluções para os muitos problemas que enfrentamos no mundo de hoje. Sabendo que "quanto mais fundo você for, ao se voltar para dentro, mais alto você se eleva", os Guerreiros do Coração sempre olham para dentro antes de agir, para verificar a intenção e o propósito do ego. Eles priorizam a prática espiritual diária e sabem como satisfazer suas próprias necessidades. Priorizando o seu próprio bem-estar, mantendo sua força vital pessoal e aprendendo qual o momento certo de recuar e dizer "NÃO", ele garante que a conexão espiritual permaneça forte e vital para todos os Guerreiros do Coração.

O verdadeiro Guerreiro é equilibrado em seu próprio Coração Superior, com os aspectos masculino e feminino trabalhando em sincronicidade para resolver muitos desafios contínuos da vida. O Guerreiro do Coração entende que o relacionamento final é com o eu e ele cultiva os recursos internos de energia espiritual. Guerreiros Espirituais aprendem a se elevar para sair da escuridão do mundo, para servir a humanidade à luz do espírito. Eles sabem que, assim como o dia se transforma em noite, cada polaridade verdadeira se transforma facilmente na polaridade oposta, assim como o yin é facilmente intercambiável com o yang.

## Guerreiros do Coração

Estamos todos convocados, Guerreiros do Coração,
Para agora tomarmos nossa posição,
Com ímpeto para enfrentar o perigo mais feroz
E coragem para assumir as rédeas.
Com humildade, nossa companheira constante,
E a profunda compaixão que nunca está distante,

Todos nós nos curvamos juntos
No altar sagrado do coração.
Armados com um código de ética
Que honra todas as coisas vivas,
Erguemos a espada da verdade
Com a força que só o amor reaviva.

Cada um de nós se mantém por si só, porém juntos,
Com os pés firmemente plantados no chão.
E atuamos como precursores e parteiras
Para o novo que agora está nascendo.
Protegidos com força interior e clareza
E dotados de energia de cura nas mãos
Estamos bem armados com nossas armas espirituais
Indispensáveis a um verdadeiro guerreiro.
Guiados por todos os nossos anjos,
E cientes de que todas as coisas vêm do Uno
Estamos prontos para agir com firmeza
Agora que começamos juntos.
Amando a Mãe Terra
E dispostos a tomar posição,
Guerreiros do Coração
Agora é hora de assumir o comando.

# Layout do Coração Superior

*Este* **layout** *requer um monitor que posicione as pedras, mantenha o espaço, monitore o tempo da sessão e garanta que o receptor respire profundamente ao longo de toda a sessão.*

**Objetivo:** Equilibrar e unir as polaridades masculina e feminina do Coração Superior

**Materiais necessários:** Seis pedras masculinas de Coração Superior idênticas, seis pedras femininas do Coração Superior idênticas, uma pedra do Coração Superior a escolher e doze pedras de quartzo rosa roladas (polidas naturalmente).

**Instruções:**

✺ Coloque o quartzo rosa nos chakras da Coroa, do Terceiro Olho, da Garganta, do Plexo Solar, do Umbigo, no Chakra Criativo e no Ckakra da Base, em cada uma das mãos, em cada um dos pés e na Estrela da Terra.

✺ Crie uma grade hexagonal dupla do Coração Superior com as pedras masculinas/femininas no peito, com o centro localizado exatamente no ponto do Coração Superior. Coloque a pedra do Coração Superior a escolher no centro da grade.

✺ Continue a respirar fundo por onze minutos no ponto do Coração Superior enquanto você primeiro direciona seu lado feminino para aceitar e honrar o seu lado masculino, e aprender com ele. Depois, por 11 minutos, identifique-se com seu eu masculino e direcione a atenção para o seu lado feminino. Complete a sessão unindo os dois aspectos, masculino e feminino, no Coração Superior.

❋ Retire as pedras da grade e depois o quartzo rosa. Limpe as pedras.

## *Layout* da Pedra Superior

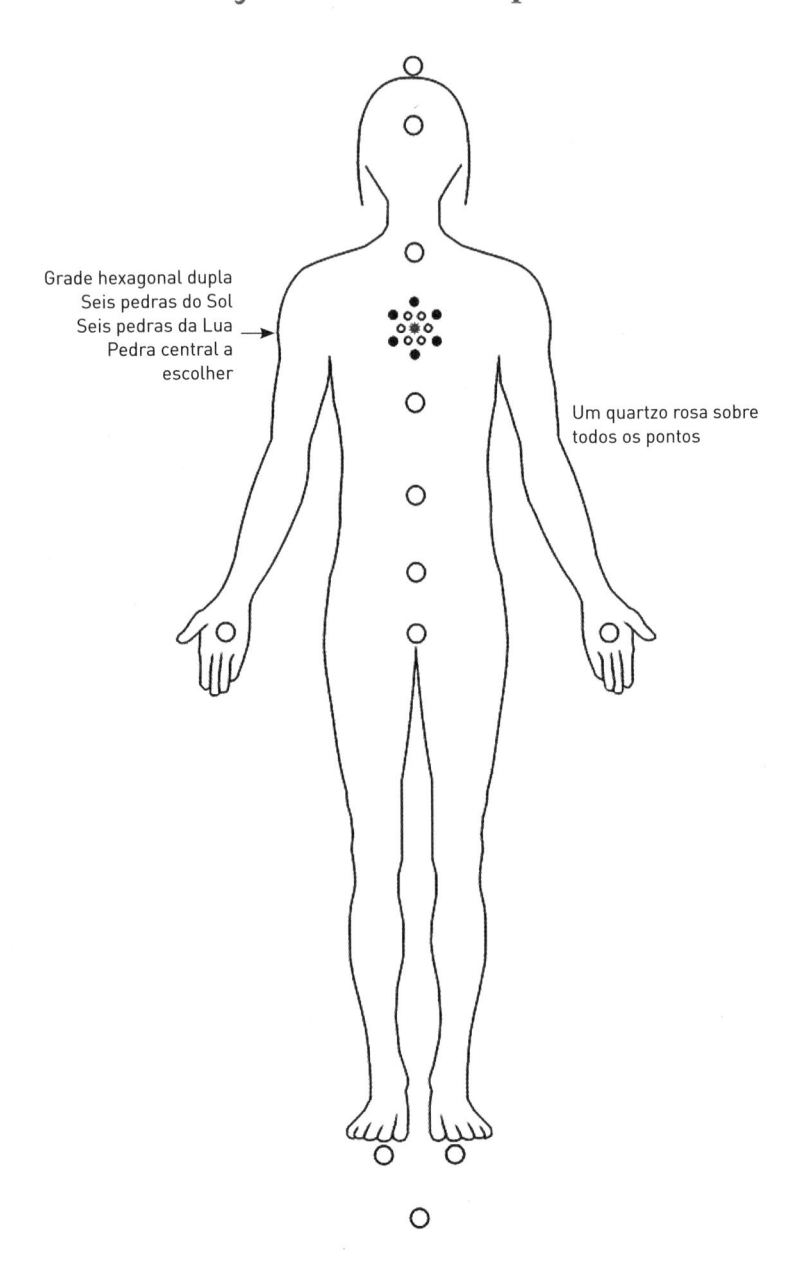

Grade hexagonal dupla
Seis pedras do Sol
Seis pedras da Lua
Pedra central a escolher

Um quartzo rosa sobre todos os pontos

Capítulo 4

# O CORPO FÍSICO SUPERIOR

O corpo físico é um veículo notável para a alma habitar. Como é incrível estar consciente nesta dimensão física, onde podemos nos mover através do tempo e do espaço sobre esta terra! Nós vivenciamos o mundo ao nosso redor através dos cinco sentidos físicos — audição, visão, tato, olfato e paladar. Esses cinco sentidos nos permitem ver a beleza de um pôr do sol, ouvir o rugido do trovão, sentir a suavidade da pele de um bebê e sentir o aroma de biscoitos recém-assados antes do deleite que é saboreá-los.

Usamos nosso corpo para nos deslocar de um lugar para outro, com nossa mente envolta em pensamentos e nosso coração abrigando sentimentos que representamos em palavras e ações. E, no entanto, esses pensamentos e sentimentos não pertencem ao reino físico. Sim, há registros de reações químicas no cérebro quando pensamos, mas ele é apenas um meio para a mente. As emoções podem ser sentidas apaixonadamente, no entanto, os sentimentos em si não são físicos. Podemos representar pensamentos e sentimentos com o corpo físico, mas os corpos mental e emocional são aspectos mais sutis do eu do que a massa que cria nossa forma.

Pense a respeito. Você pode ter um pensamento ou um sentimento e não demonstrá-lo com seu corpo. Os corpos mental e emocional são mais sutis e existem num domínio que não é físico, mas tanto os pensamentos quanto os sentimentos estão totalmente integrados com o sistema humano. Os chakras, ou órgãos espirituais de luz, estão incluídos nesse sistema de energia sutil, mas não estão ativados em todas as pessoas.

O corpo físico humano é uma integração extremamente complexa de milhões de células, supremamente organizadas com um propósito e função, para criar sangue e ossos, neurônios e músculos. Os sistemas nervoso, circulatório, digestório, endócrino, respiratório, esquelético, muscular e sensorial físicos, entre outros, combinam-se harmoniosamente para criar um veículo que dê à nossa alma a possibilidade de viver na terceira dimensão. Mas o veículo físico pode existir apenas por um tempo curto na Terra.

Como tudo o que é físico, o corpo é temporal. Ele tem vontade própria e quer sobreviver ao destino inevitável de todas as coisas corporais, que é a morte. Não importa quão forte e poderoso o corpo físico possa se tornar, ele ainda é vulnerável.

A realidade do plano físico está destinada a mudar com o tempo. Com as leis da natureza no controle, podemos esperar o nascimento e a morte do corpo físico tão naturalmente quanto podemos esperar que a primavera venha ou que, depois que todas as folhas caírem, entraremos no inverno.

Perceber que nosso corpo físico é o veículo no qual nossa alma evolui pode mudar nossos conceitos e crenças básicas sobre o propósito de se viver no plano físico. E se soubermos, enquanto vivemos, que nosso corpo é temporário, mas que a existência da nossa alma é permanente? E se a vida num corpo físico for reconhecida como apenas uma das muitas expressões da multiplicidade de quem realmente somos como seres? À medida que aumenta a nossa compreensão de que viver num corpo significa muito mais do que meramente pensar, sentir e viver no mundo dos cinco sentidos, surge a oportunidade de evoluirmos para estados superiores de ser.

Também temos um sexto sentido, um saber instintivo que pode nos proteger se o reconhecermos. A telepatia, a clarividência, a visão, a intuição, a consciência psíquica e toda percepção extrassensorial fazem parte do sexto sentido. Esse sentido superior está disponível para todos, mas, em muitas pessoas, está adormecido. Muitas vezes ele é mal interpretado, porque as leis do plano físico não o definem. No entanto, o sexto sentido pode ser cultivado conscientemente. Vamos manter nossa mente aberta aos nossos sentidos superiores inerentes. A ativação do nosso Corpo Físico Superior aumenta muito as possibilidades de vivermos a vida com mais recursos do que apenas os cinco sentidos.

A força mais preciosa e de apoio à vida que o corpo físico tem é a respiração. No momento do nascimento, a criança inspira pela primeira vez e assim se inicia uma relação primal com a vida.

Ao longo da vida de cada indivíduo, não importa quanto tempo ela dure, a respiração sustenta a força vital do corpo. Na inspiração, nós literalmente recebemos o sustento do universo fora de nós. Ao expirar, retribuímos esse benefício. A repetição constante da respiração torna-se um ato inconsciente, à medida que empreendemos esse processo repetitivo milhões e milhões de vezes.

Com o foco na respiração, podemos aumentar a nossa percepção, expandir a nossa consciência e ativar os nossos Corpos Superiores. Cada vez que nos concentramos intencionalmente na inspiração, podemos ter uma visão mais profunda e completa da respiração, aumentando o nível de oxigênio e força vital em nosso corpo físico. Cada expiração pode se tornar uma libertação, um desapego, uma retribuição.

A visualização das cores pode ser aplicada a cada respiração e cada cor direcionada para áreas específicas que precisem de cura. Por exemplo, se você está com dor de cabeça, respire enquanto visualiza o verde, a cor básica da cura, e expire suavemente sobre a dor que sente na cabeça. Expire e conscientemente libere qualquer dor ou estresse da região. Continue dessa maneira por dez minutos e observe os resultados positivos.

Na Mente Superior, respire o raio magenta para mudar padrões obsoletos. No Coração Superior, respire azul-celeste quando precisar se acalmar ou vermelho-alaranjado quando quiser se energizar e se preparar para a ação. Você não pode viver sem sua preciosa respiração nem por alguns minutos e o poder da inspiração e da expiração não pode ser subestimado. A respiração sustenta a vida física e pode ser conscientemente utilizada para aumentar a vitalidade em todos os níveis do ser. Ela também pode ser direcionada para resultados individuais.

## O Raio Verde-Limão

Na prática básica da cura pelos cristais, o plexo solar é considerado um chakra por si só, o que dá origem a um sistema em que oito centros de energia são usados, em vez de sete, como no sistema védico padrão. O plexo solar, a morada das emoções, fica no final do esterno, logo abaixo das costelas, no trato digestivo superior. Emoções não resolvidas e reprimidas são armazenadas ali. A limpeza e a cura emocionais são feitas com pedras verdes, como a malaquita e a aventurina verde. Desde a esmeralda verde-escura até a pálida selenita verde-limão, o raio verde vibra com energia de cura e estimula, assim como conforta.

A cor do chakra do Umbigo é amarela. É nesse chakra que a manifestação física começa para todos, como um embrião dentro do útero. O amarelo é o poder da criação pura. É como o sol, vibrante, radiante, poderoso e doador de vida. O amarelo representa a coragem e a disposição para agir. Ele também se relaciona com o intelecto superior e a capacidade de planejar eventos ou engendrar novas invenções. Ele é ativo, criativo e capaz de materializar.

O amarelo é uma das três cores primárias. O verde é uma cor secundária, que se origina do amarelo e do azul, outra cor primária. A cor que ativa o Corpo Físico Superior é o verde-limão, uma combinação perfeita de amarelo e verde. Como o verde já contém um raio amarelo, essa combinação especial que é o verde-limão corresponde a dois amarelos e um azul. O raio amarelo duplo é um dos elementos vitais da ativação do Corpo Físico Superior.

O verde-limão é a cor das folhas novas e frescas. Nos novos brotos da vegetação, a força vital primordial é forte e vibrante. Essa é uma das razões pelas quais pode ser tão revigorante ficar ao ar livre, em meio à natureza. Além do oxigênio disponível, a vida da planta verde eleva o espírito e permite que a aura se expanda, o que resulta numa sensação maior de bem-estar. A atividade física praticada num ambiente com vegetação natural também propicia mais saúde física.

Quando trabalhamos com o raio verde-limão, existe o potencial de nos conectarmos com o poder da força vital dessa cor e de expressá-la por meio da nossa própria vitalidade. O verde-limão é como energia pura, espiralando na direção do mundo físico. Essa potência, quando usada por meio do raio verde-limão, no Corpo Físico Superior, pode ser usado conscientemente para ativar a vontade pessoal e desenvolver um controle mais consciente.

Mais do que qualquer outra combinação de cores, essa mistura exata de amarelo e verde auxilia o corpo a fortalecer seu sistema imunológico físico e também ajuda a fortalecer a imunidade do corpo emocional. Em outras palavras, o trabalho com pedras verde-limão pode ajudar a fortalecer a imunidade pessoal contra antigos padrões reacionários físicos e emocionais, previamente programados no plexo solar.

O estado "Físico Superior" implica um corpo humano bem cuidado e capaz de ser um veículo forte para a alma. A residência em tempo integral no Corpo Físico Superior só ocorre quando o raio verde-limão foi infundido ao longo de todo o circuito espiritual sutil do plexo solar e do umbigo, promovendo o bem-estar físico, emocional e energético.

Incorporar o estado de presença Física Superior significa que você não precisa mais viver limitado pelas leis do plano físico. Em vez disso, pode aprender a trabalhar com as leis espirituais maiores que regem essas leis físicas. No mundo espiritual, regras comuns de tempo e espaço não se aplicam, a sincronicidade se torna uma ocorrência de um dia comum e milagres estão muito mais propensos a acontecer. É com essa comunhão abençoada da vontade pessoal com a vontade divina que nasce o Corpo Físico Superior.

No estado do Físico Superior, acontecimentos que antes eram percebidos como obstáculos intransponíveis podem tornar-se desafios estimulantes. Antigas reações emocionais são conscientemente alteradas e novos padrões de resposta são demonstrados em escolhas positivas nos assuntos cotidianos. Com a percepção do raio verde-limão acompanhando a respiração, pode-se garantir a conexão com o conhecimento interior a todo instante.

O verde-limão inspira a força vital a se manifestar na forma. Atuando juntamente com a Mente Superior e o Coração Superior, o corpo físico literalmente cria força vital positiva no corpo físico e nos níveis emocionais. Essa força vital, imune à energia negativa de velhos padrões emocionais, promove uma ação positiva. Como o Corpo Físico Superior é estimulado, o raio verde-limão literalmente aumenta o carisma e o magnetismo da aura.

## Ponto de Disposição do Físico Superior

O ponto para disposição das pedras do Corpo Físico Superior fica entre o plexo solar e o umbigo, no centro dos órgãos digestórios superiores. A localização do Físico Superior é um ponto de estabilização para um estado de ser que nos capacita a fazer escolhas conscientes, enquanto nos mantemos presentes no momento.

Essa localização foi denominada "ponto *na'au*". Na língua havaiana, a palavra *na'au* designa o "o intestino delgado, as entranhas, a sede da afeição e das virtudes morais; o coração, a alma".

Para os havaianos, é nesse ponto, bem nas entranhas, que está sediada a verdade pessoal. Segundo eles, o *na'au* é um impulso inato que vem espontaneamente de dentro e ele tem guiado seu povo há séculos.

O *na'au* é um lugar no fundo da barriga onde você pode sentir se algo é certo para você ou não. É o seu instinto visceral. É ali que você pode sentir seu saber interior e encontra a força do seu eu para fazer o que é melhor em qualquer circunstância. No *na'au*, você sente com o próprio centro do seu ser físico. Não estou me referindo a "borboletas" no estômago ou ao "frio na barriga", uma ansiedade que você sente no plexo solar. O sentimento no *na'au* é muito mais profundo e verdadeiro. Ele vem do âmago do seu ser e causa uma sensação indiscutível de "saber". A partir desse profundo sentimento de verdade interior, você sabe exatamente o que precisa ser feito e que ação precisa ser empreendida. A ativação do Corpo Físico Superior possibilita que você siga e manifeste esse "saber".

## Vontade Fortalecida

No Corpo Físico Superior, a vontade pessoal se fortalece. Isso ocorre à medida que a vontade individual é conscientemente dominada e guiada para ficar em sintonia com a vontade divina. O poder espiritual é adquirido quando aprendemos a não nos identificar com os "antigos leitos de rio secos" dos padrões emocionais e mentais profundamente enraizados. É muito fácil seguir nossa programação passada se não estivermos atentos a cada momento. Esses velhos padrões podem nos arrastar para baixo, o que às vezes pode deixar pouca esperança para o futuro. A luz verde-limão, quando acessa o Corpo Físico Superior, ajuda a construir a força de vontade para sairmos desse pântano do passado. No Corpo Físico Superior, a vontade tem força para nos tirar de velhos padrões e encontrar a liberdade do momento presente.

Use a sua Mente Superior para deixar de lado padrões de pensamento inúteis, que continuarão em vigor se não forem observados. Trabalhe com as pedras verde-limão para se desvencilhar das emoções associadas com pensamentos negativos.

Depois, queira se elevar e levar a sua Mente Superior para o momento presente, enchendo os pulmões com uma nova lufada de ar fresco. Rejuvenesça nesse momento, pois você terá a força vital amarela-esverdeada para infundir no ponto *na'au* do corpo físico. O estado de presença Físico Superior incentiva renovação e cura instantânea. Com a prática, a paz é conquistada, trazendo mais coragem no dia a dia.

Passamos muito tempo em sofrimento emocional, nos preocupando com o que pode ou não acontecer no futuro. Nossa mente e emoções podem ficar tão presas em teias do passado que a perfeição do momento presente passa despercebida. A cada momento, temos a oportunidade de ficar apenas conscientemente presente. Cada momento precioso nos permite a liberdade de ser parte do *momentum* infinito do tempo. Salte para a presença de cada momento e surfe no tempo, permitindo que a consciência apenas seja, sem estar vinculada a projeções passadas ou futuras. Essa é a verdade liberdade.

Uma infinidade de padrões de pensamento cria a mente coletiva da humanidade. Ao nascer, cada um de nós é automaticamente doutrinado nas realidades mentais percebidas de nossos pais, comunidades, religiões, nacionalidades e raças. Essas formas-pensamento coletivas tornam-se tão subliminarmente arraigadas que pode ser difícil descobrir quem somos fora de toda essa programação. Quando nossa vontade está em sintonia com o momento presente, nossa verdadeira identidade interior pode emergir dos aparatos mentais que muitas vezes dominam nosso senso de identidade. No precioso momento do agora, podemos sentir a magnificência da vida dentro de nós e apenas estar com nosso precioso eu, além de qualquer programação.

À medida que o Corpo Físico Superior ganha força, a paz pessoal pode ser alcançada em cada momento abençoado da vida. Na infinidade do agora, experimentamos a vida de uma maneira muito diferente. Problemas passados ou potenciais não usurpam mais nossa atenção, conforme aprendemos viver na perfeição de cada momento. Quando nos rendemos à nossa agenda pessoal e vivemos totalmente abertos à providência divina na lufada de verde-limão do agora, aumentamos nossas chances de manifestar uma vida melhor do que jamais poderíamos ter imaginado!

Dominar a vontade pessoal é um dos passos necessários no processo de integração das realidades de alta frequência. Ser capaz de elevar conscientemente os níveis mental, emocional e físico da energia nos permite habitar literalmente os Corpos Superiores.

O universo está cheio de energia eletromagnética e certos campos de energia vibram a taxas mais elevadas do que a matéria física. Esses campos de eletromagnetismo são referidos como dimensões superiores e existem no reino do agora. É possível que os seres humanos experimentem essas realidades dimensionais. No entanto, primeiro precisamos literalmente nos elevar com o poder da nossa vontade, com as ações conscientes e com o esforço pessoal. Por que esperaríamos que esse processo fosse fácil? A maestria deve ser uma conquista. Temos que subir a escada em espiral para o céu degrau por degrau. Não existe nenhum elevador.

O raio verde-limão do Corpo Físico Superior nos inspira nesse processo. Faça sua aura vibrar em torno do seu corpo! Faça isso com suas pedras, sua respiração e a força espiritual da sua vontade. Só você pode fazer isso por si mesmo. Infunda sua aura com pedras verde-amarelo, vibre numa frequência mais alta, fique no presente e surfe na presença extraordinária do agora. Depois faça escolhas conscientes e usufrua do seu Corpo Físico Superior com sua vontade fortalecida.

## Escolhas Conscientes

As coisas acontecem na vida quando você **quer** que elas aconteçam. Depois que você toma a decisão de literalmente criar algo, essa escolha precisa ser confirmada com a ação. Por exemplo, se você quer viver mais no momento presente, reserve um tempo para cultivar esse hábito. Fique atento aos momentos em que velhos padrões mentais e emocionais desviam sua atenção e o fazem se afastar do momento presente. Cultive o hábito de se afastar de padrões antigos usando a respiração e as pedras verde-limão. Só você pode reforçar sua vontade de se colocar em ação e viver no presente. Quanto mais você se dedicar a esse processo, mais rápido verá os resultados.

O poder de manifestar, sejam novos pensamentos, sentimentos ou comportamentos, inclui ser responsável por tudo o que você cria. Em que direção você quer seguir e qual é exatamente a sua *verdadeira* vontade? O que você quer criar? Qual é a sua intenção? Para que serve essa intenção? O que significará para você atingir o seu objetivo? O que você literalmente tem que *fazer* para que isso aconteça? Quais são as providências a serem tomadas no plano físico para manifestar seu objetivo?

Observar a intenção pessoal é uma parte crucial desse processo. Por que, precisamente, você quer atingir esse objetivo em particular? Observe os seus sentimentos ao fazer essa pergunta, para discernir a verdadeira razão por trás do seu desejo de atingir esse objetivo. Muitas vezes, a verdadeira motivação é obscurecida por desejos subconscientes. Seja claro consigo mesmo primeiro. Verifique seus pontos cegos, para ver se sua intenção mais profunda tem um propósito positivo.

Pergunte a si mesmo: "Se meu objetivo for alcançado, isso resultará em resultados positivos nos planos físico, mental e emocional?". Busque a verdade mais profunda nos seus pensamentos e sentimentos, e aceite essa verdade. Depois da perspectiva da Mente Superior/Coração Superior, procure discernir se você quer mesmo mudar sua programação mental e emocional. Em caso afirmativo, tome providências para atingir uma oitava mais alta na sua natureza sentimental, mantendo o quadro geral em mente.

A lei do karma nos lembra de que "cada ação tem uma reação e toda causa terá um efeito igual e semelhante". O modo como pensamos, sentimos, queremos e criamos determina a nossa vida pessoal e a do planeta durante a próxima década. Cada um de nós tem seu próprio karma individual. Nós que vivemos neste planeta, neste novo milênio, compartilhamos um destino coletivo. Cada um de nós pode se elevar, colocando nossa vontade pessoal em ação. É difícil, com certeza, trilhar novos caminhos no mesmo antigo cenário mental de uma história de guerra. Cada um de nós pode fazer a sua parte para mudar a realidade com intenções claras, força de vontade e escolhas e ações conscientes.

Depois que sua intenção e propósito estiverem claros, faça planos específicos. Use as habilidades da Mente Superior para articular o processo, enquanto descobre o que é necessário e como obter isso. Seja claro no processo passo a passo, à medida que você prossegue e continua a aprender. Entre em ação, seguindo esses passos do processo. Foque a Mente Superior, equilibre o Coração Superior, fique no agora, vibre conscientemente e crie seu projeto individual no seu Corpo Físico Superior.

Na sacralidade de cada momento, surgem novas ideias e inspirações. Novas descobertas e invenções são possíveis quando a mente está clara e aberta. Nesses momentos de presença

Física Superior, somos capazes de viajar para o grande desconhecido e ser receptivos à providência divina. Entre em sintonia com isso e renuncie à vontade pessoal. Fique tranquilo e receptivo. As respostas podem não vir instantaneamente. Mas com dedicação à respiração com verde-limão, sua vontade passa a ser guiada por forças divinas.

Depois que a minha intenção e propósito de que eu queria escrever este livro ficaram claros, eu tinha muitos passos a dar antes de começar a escrevê-lo. Primeiro, eu precisava reconhecer minha intenção de investir o tempo e o esforço necessários para escrever um novo livro. Eu sabia que ficaria sentada por longas horas, escrevendo na frente do computador, e precisava de uma boa cadeira para apoiar as costas. Eu também precisava de um novo arquivo para organizar o material. Então, eu coloquei meu arquivo com rodinhas ao lado do meu computador, para facilitar o acesso. Em cima do armário, montei as grades das pedras sobre o qual eu estaria escrevendo. Coloquei um vaso com flores frescas, acendi velas e queimei incenso, montando um altar. Esses foram apenas os passos iniciais, enquanto eu definia meu espaço e criava o ambiente energético para de fato escrever. Eu tive de colocar força espiritual por trás da minha vontade de evocar a disciplina necessária, para realmente me sentar todos os dias e escrever.

Assim como expliquei nesse exemplo, convém que você se cerce de objetos de importância simbólica pessoal, que representem o seu objetivo. Mantenha-se focado em pensamentos, sentimentos e ações positivas. Nunca desista de si mesmo. Se você cometer um erro, tente mais uma vez, duas, três, quantas vezes forem necessárias para acertar.

A vontade fortalecida é comandada pela clara Mente Superior magenta e os aspectos equilibrados do masculino/feminino reinando no Coração Superior. Não a personalidade ou o ego. Sintonize o Físico Superior com a Mente Superior e o Coração Superior antes de fortalecer a sua vontade de agir. Durante esses preciosos momentos de alinhamento, podemos viajar para o grande desconhecido e receber a mais pura energia criativa.

Existem muitas maneiras de recriar o mundo, mas devemos começar primeiro com nós mesmos. Honre a luz interior da sua amada alma. Invista tempo e esforço para apreciar sua força vital e ativar as frequências cromáticas que irão gerar estados mais elevados de ser. E o mais importante: seja muito amoroso, gentil e paciente consigo mesmo no processo.

## Pedras Verde-Limão

Não é fácil encontrar a mistura perfeita de amarelo e verde no reino mineral. Há uma pedra, no entanto, que é bastante comum, custa relativamente pouco e passa a ser o melhor exemplo do raio verde-limão. Essa pedra é o peridoto, parte da família das olivinas.

O **PERIDOTO** é a pedra de tom amarelo-esverdeado mais claro e vibrante do reino mineral. Ele geralmente é transparente, o que permite que a luz atravesse o corpo da pedra, criando uma ativação dinâmica. O peridoto, normalmente, tem a forma de grãos arredondados encapsulados em rochas vulcânicas e é encontrado em locais como a ilha de St. John, no Mar Vermelho. Também é encontrado no Havaí. Eu, pessoalmente, encontrei o peridoto incrustado em rochas vulcânicas enquanto andava na floresta. Também encontrei pedrinhas de peridoto misturadas com areia em determinadas praias. As pedras de peridoto, em geral, são pequenas e raramente medem mais de um centímetro de comprimento.

O peridoto tem um efeito direto sobre o Corpo Físico Superior assim como também sobre toda a região desde o plexo solar até o umbigo. Sua cor amarela-esverdeada do plano terreno pode iniciar a purificação de um corpo físico cheio de toxinas. Dessa maneira, essa pedra ajuda a limpar e fortalecer o sistema imunológico físico. Ela pode ser colocada diretamente sobre os gânglios linfáticos da garganta, sob os braços e na virilha, para aumentar a imunidade física (veja o *Layout* do Corpo Físico Superior). Como muitas doenças físicas têm causas emocionais, o peridoto ajuda a curar a subcorrente de "sentimentos" que pode se manifestar fisicamente. Por fornecer apoio emocional e físico, o peridoto supera todas as outras pedras verde-limão.

Quando colocada no plexo solar, essa pedra ajuda a relaxar e liberar a tensão emocional nervosa conhecida como "borboletas no estômago". O peridoto é uma pedra que auxilia no equilíbrio das glândulas suprarrenais e atua como um tônico para acelerar todo o organismo, tornando-o mais forte, saudável e radiante. O peridoto nos ajuda a deixar de lado sentimentos feridos e acalma emoções intensas, como ciúme, frustração ou raiva. Ele diminui a dor de um ego ferido, pois eleva as energias emocionais. Se você está trabalhando nos níveis físico e/ou emocional, essa pedra estimula, regenera e eleva a força vital.

O peridoto também auxilia o Corpo Físico Superior, encantando os olhos com sua bela cor verde-limão. Na verdade, a mera contemplação do peridoto já é edificante. À medida que você trabalha com essa pedra e a conhece melhor, a infusão cromática do amarelo-esverdeadose traduz, no ponto *na'au*, como uma força vital vibrante. Fortaleça-se respirando conscientemente o verde-limão e utilizando o peridoto. Isso o leva rumo ao Físico Superior, pois demonstra a capacidade de mostrar vitalidade nos estados mais profundos e sombrios da fraqueza física e emocional. Essa cor eleva e a cura ocorre.

Existem várias outras pedras significativas quando se trata do raio amarelo-esverdeado. Algumas têm mais amarelo e outras terão mais verde. Essas pedras ainda funcionam bem no Físico Superior, mas as melhores pedras para usar são aquelas que contêm o equilíbrio perfeito entre essas duas cores. Muitas pedras do Físico Superior listadas aqui são comuns e manifestam-se em diferentes raios cromáticos, como a turmalina. Repito, a cor é específica e deve ser verde-limão.

A **PIROMORFITA** é frágil e, normalmente, encontrada em pequenos cristais aglomerados. Ela ajuda a manter a intenção consciente no Físico Superior, enquanto manifesta objetivos específicos. A piromorfita nos ajuda a tomar providências necessárias conscientemente, para atingir objetivos pessoais. Ela energiza e eleva, aumentando a motivação e a resistência física.

A **BRAZILIANITA**, originalmente encontrada no Brasil, apresenta belos cristais transparentes de tom verde-limão. Essa pedra revitaliza estados de baixa imunidade após traumas físico e/ou emocional. Ela brilha com seu raio amarelo-esverdeado na composição básica da sinapse físico/emocional, em que emoções sombrias podem provocar sintomas. Ela também ajuda quando experiências físicas dolorosas causam sofrimento emocional. A brasilianita é uma pedra reconfortante, que eleva as realidades físicas e emocionais.

A **GASPEÍTA**, de forma hexagonal e relacionada com a calcita, é relativamente rara e pode conter manchas vermelho-acastanhadas. Ela auxilia a desintoxicar o corpo físico e a programação emocional negativa correspondente, que muitas vezes fica armazenada no plexo solar. A gaspeíta não transparente fundamenta o raio verde-limão, auxiliando o corpo físico na manutenção de um equilíbrio maior, durante estados emocionais difíceis.

A **PREHNITA**, que raramente se forma em cristais distintos, é encontrada com mais frequência em crostas arredondadas de rochas vulcânicas. Ela ajuda você a desenvolver mais força de vontade e aumenta a motivação e a determinação para agir de acordo com as respostas escolhidas. A prehnita ajuda quando você está realmente tentando romper velhos hábitos viciantes e precisa de apoio para cultivar novos comportamentos. É a pedra para usar quando você precisar de toda a sua força interior e força de vontade para superar vícios físicos, como álcool, drogas ou excesso de comida.

A **APATITA** forma-se naturalmente na forma hexagonal e uma das suas cores é o verde-limão. É benéfica para alinhar o Coração Superior com o Físico Superior. Quando seu aspecto feminino ou masculino está desequilibrado, é difícil ter força de vontade. A forma hexagonal da apatita equilibra naturalmente as polaridades yin e o yang. Ela pode ser usada no ponto *na'au* para manter o equilíbrio entre as polaridades interiores do Coração Superior e a ação intencional deliberada do Físico Superior.

A **SERPENTINA** é encontrada em muitas cores. Você pode usar a variedade amarela-esverdeada no Físico Superior para renovar compromissos com relação ao seu caminho espiritual ou aos compromissos em geral. Essa pedra é para quando você estiver pronto para jurar sua fidelidade a algo em que você acredita. O nome "serpentina" deriva do fato de essa pedra ter marcações que lembram a pele de uma cobra. Assim como uma cobra troca de pele regularmente, há momentos na vida em que renascemos em novas versões de nós mesmos. A serpentina auxilia esse renascimento da nossa alma, enquanto trilhamos as muitas veredas da vida. Ela pode ser colocada no ponto *na'au* do Físico Superior, para ajudar a abandonar velhos modos de ser à medida que nos tornamos modelos melhores de nós mesmos.

A **TURMALINA VERDE-LIMÃO** auxilia no fortalecimento do sistema nervoso para transportar a frequência elevada dos Corpos Superiores. Uma vez que o sistema nervoso é fortalecido, mais luz pode ser mantida dentro do corpo físico. A turmalina verde-limão ajuda a aumentar o carisma, pois ilumina a aura e transforma emoções mais densas em correntes de energia positiva. Usada no ponto do Físico Superior, ela ajuda você a aprender sobre o poder da atração positiva.

A **OBSIDIANA VERDE-LIMÃO** é rara e veio originalmente de dentro da terra, quando a lava foi expelida de vulcões antigos. O fogo é, portanto, inerente a essa obsidiana, que ajuda a queimar a escória das inseguranças. Essa pedra também auxilia na reconstrução da autoimagem, após perda ou tragédia, à medida que você rompe com velhas limitações físicas/emocionais de escassez, carência e falta de merecimento. A obsidiana verde-limão ajuda você a enfrentar e superar tempos difíceis e a sair de experiências pessoais negativas, emergindo em novos começos.

A **SMITHSONITA VERDE-LIMÃO** tem um toque excepcionalmente suave e uma natureza delicada. Em seu estado natural, essa pedra parece camadas de bolhas sedosas, chamadas botrioidais. Essa é a pedra para você usar quando precisa relaxar e respirar fundo! Também é benéfica para pessoas que são tensas e reacionárias. Ela suaviza emoções carregadas e possibilita respirações mais profundas. A smithsonita verde-limão é propícia em ataques de ansiedade e de pânico. Ela transmite energia para ajudar a neutralizar a tensão e acalmar o sistema nervoso.

A **FLUORITA VERDE-LIMÃO** é uma das muitas variedades de fluorita, mas é mais rara que a maioria. Em geral, a fluorita é uma pedra que ajuda a mente a ficar no momento presente, quando está em meio à atividade. A fluorita verde-limão é ideal para quando você estiver iniciando um dia com muitos compromissos e precisa manter o foco. Ela também ajuda você a ter mais força de vontade para manter a consciência em cada momento e mover-se com vitalidade e determinação. Ela auxilia a manter a ordem para atingir metas que exigem um bom desempenho tanto físico quanto mental.

A **CALCITA VERDE-LIMÃO** é uma das muitas variedades de calcita. Em geral, assim como a fluorita, ela é uma pedra mental e ajuda a manter pensamentos de Mente Superior. A calcita verde-limão trabalha com a Mente Superior para estabilizar pensamentos positivos com sentimentos positivos no

Físico Superior. Ela preenche as lacunas entre o passado e o presente, ajudando você a permanecer consciente em seus Corpos Superiores. É benéfica quando você quer fazer transições e ajustes para uma maneira melhor de ser, ao se conectar com realidades paralelas mais elevadas.

Essas pedras verde-limão podem nos ajudar a projetar o nosso próprio destino. Ajudar a manter pensamentos e sentimentos positivos em meio à turbulência é apenas um dos seus benefícios. O objetivo do Corpo Físico Superior é empreender uma ação física forte para determinar o resultado de acontecimentos, sejam pessoais ou globais. É um direito inato de todo ser humano ser claro em cada momento e se manter conscientemente conectado à orientação divina. A capacidade de evoluir existe dentro de cada um de nós. Com o raio verde-limão brilhando intensamente, a própria natureza dos nossos corpos físico e emocional podem mudar, crescer e avançar.

Faça seu altar com uma intenção consciente, usando pedras amarelo-esverdeadas. Cultive plantas vivas e fique em meio à natureza tanto quanto possível. Crie seu próprio espaço positivo e construa o seu próprio campo áurico forte ao seu redor, imunizando-se contra a negatividade. Se você não tiver nenhuma pedra disponível, visualize o verde-limão. Procure essa cor em seu ambiente, identifique-se com ela, respire-a e alinhe-se com a pura força vital.

Com a ajuda das pedras verde-limão podemos de maneira consciente e intencional manter uma forte presença espiritual na Terra. À medida que amadurecemos no Físico Superior, aprendemos que nosso corpo de luz verde-limão pode operar no corpo físico no plano terrestre a todo momento. Com a força vital consciente direcionando totalmente o drama que é a nossa vida, podemos confiar que ela vai ficar cada dia melhor.

## Layout do Físico Superior

*Este layout requer um monitor que posicione as pedras, mantenha o espaço, monitore o tempo da sessão e garanta que o receptor respire profundamente ao longo de toda a sessão.*

**Objetivo:** Fortalecer os sistemas imunológicos físico e emocional, desenvolver mais força de vontade, liberar o estresse e energizar.

**Materiais necessários:** Trinta pedras de peridoto roladas (de preferência) ou trinta peças do mesmo tipo de pedra do Físico Superior; duas pedras da Mente Superior a escolher, seis pedras de turmalina preta e uma pedra maior do Físico Superior à escolher.

**Instruções:**

- ❈ Coloque uma pedra magenta no ponto da Mente Superior e uma no plexo solar. Coloque trinta pedras de peridoto nos seguintes lugares: três de cada lado do pescoço, três ao longo de cada axila, três de cada lado do plexo solar, três de cada lado do ponto *na'au* e três em cada lado da virilha. Coloque a pedra verde-limão maior diretamente no ponto do Físico Superior.
- ❈ Coloque uma turmalina preta em cada mão, uma em cada pé, uma no chakra da Base e uma na Estrela da Terra.
- ❈ Respire profundamente e visualize o raio verde-limão entrando através de todos os poros do seu corpo, a

cada inspiração. Cada vez que expirar, irradie o verde-limão direto nas áreas que precisam de regeneração. Libere conscientemente o estresse do corpo físico, mental e/ou emocional ao expirar.

❋ Respire o raio verde-limão por 22 minutos, mantendo o foco da Mente Superior e permanecendo conscientemente presente com a respiração e a visualização, ao longo de toda sessão. Retire as pedras, deixando a turmalina preta até o final. Limpe as pedras.

# *Layout* do Físico Superior

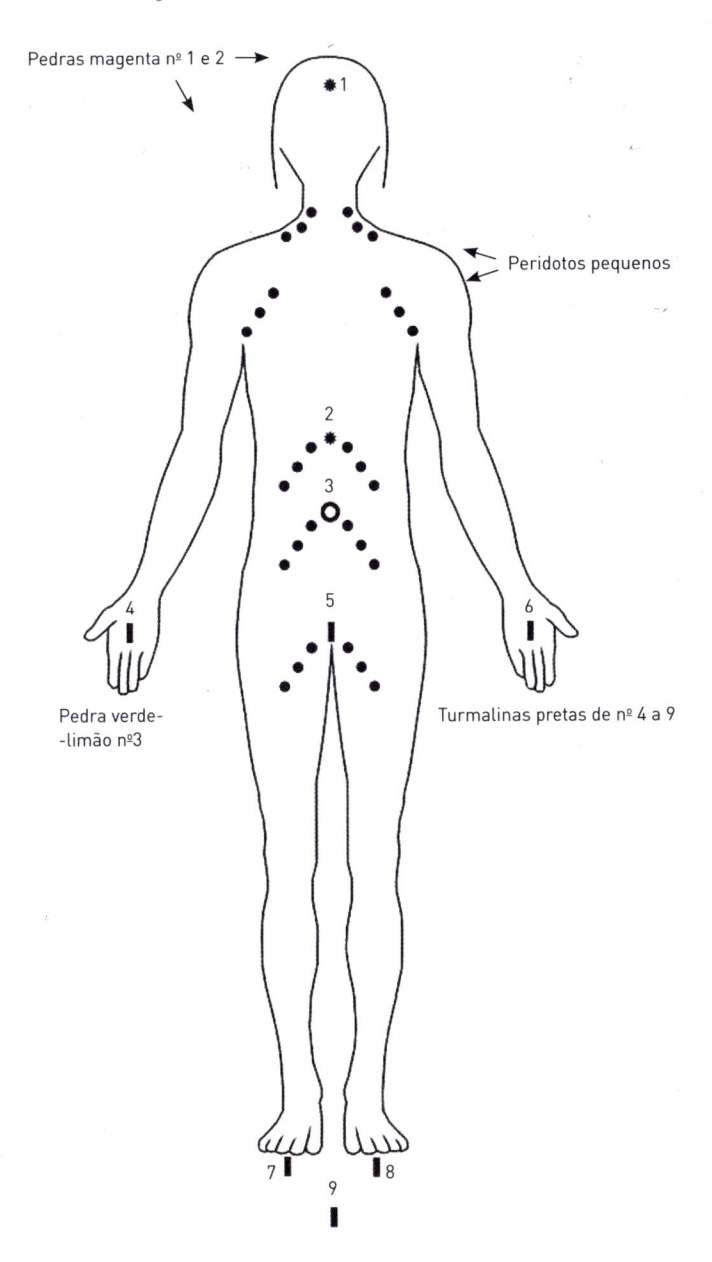

Pedras magenta nº 1 e 2 →

Peridotos pequenos ←

Pedra verde-
-limão nº3

Turmalinas pretas de nº 4 a 9

Capítulo 5

# REALIDADES GEOMÉTRICAS

Nossas crenças são determinadas por vários fatores. Primeiro, elas estão sujeitas ao que nos foi ensinado por nossos pais, professores, comunidades e sistemas religiosos. Em segundo lugar, são baseadas nas crenças de gerações e culturas anteriores que nos foram transmitidas. Podemos ver que, em sua maior parte, nossas crenças são programadas em nós a partir de fontes externas. Recebemos automaticamente essas crenças com confiança infantil e aceitamos prontamente que são *verdadeiras*.

Por fim, as crenças são condicionadas pelas nossas experiências diretas. A *verdade* absoluta existe, quer acreditemos nela ou não ou até mesmo se não soubermos qual ela é. A verdade é validada pelo senso indiscutível de saber que existe dentro de nós, porque ressoa com o âmago do nosso ser.

As crenças tendem a mudar drasticamente no início de cada novo século, no início de cada novo ciclo de mil anos e principalmente agora, que entramos neste novo ciclo de 2.000 anos. É hora de deixar de lado crenças e conceitos que não mais se sustentam em nossos tempos de mudança. Uma revisão sincera é necessária para discernir se realmente acreditamos, em nossa mais profunda sabedoria interior, no que nos ensinaram. Invocar nossa orientação interior, pesquisar os fatos e fazer perguntas são passos importantes para romper com a programação antiga e entrar em contato com a nossa verdade mais elevada. Se confiarmos que a verdade *real* existe, podemos conscientemente optar por manter mentalidades e crenças programadas ou não.

A mudança raramente é fácil, mesmo que seja para melhor. Nós podemos ficar tão identificados com nossas crenças a ponto e deixar que o fanatismo e o preconceito vigorem. Quando temos tanta certeza de que estamos certos e os outros estão errados, a mentalidade rígida e fechada pode criar conflitos e causar danos aos nossos relacionamentos. Essa intolerância, tanto pessoal quanto coletiva, baseia-se na crença de que, se uma pessoa estiver certa, a outra tem que estar errada. Quando os outros nos consideram errado, nossa resposta automática pode ser nos defender e demonstrar hostilidade. É preciso muita coragem para analisar profundamente nossas crenças centrais e eliminar aquelas que não parecem verdadeiras.

Conforme nossas crenças continuam a mudar, neste novo ciclo de 2.000 anos, é importante manter a mente aberta. Novas provas radicais de cientistas, geólogos, astrônomos e arqueólogos revolucionários, muitas vezes independentes, estão mudando nossa mentalidade sobre nossa origem, identidade e potencial humano. Nossa identidade coletiva também precisa se expandir exponencialmente. Nunca é fácil sair da programação antiga e ir contra os pensamentos e crenças convencionais de uma época. Considere o fato de que o que percebemos como verdade pode e irá mudar à medida que nossa consciência cresce! E se tivermos uma herança e destino maiores do que jamais sonhamos ser possível?

A *verdade* existe, mesmo que não saibamos (ou queiramos saber) qual ela é. Não estou me referindo ao que gostaríamos que fosse verdade, mas sim à pura e absoluta *verdade* da matéria. Nossas ilusões e equívocos terão de cair no esquecimento para que possamos descobrir verdades maiores. Eu acredito que, quando a pura *verdade* da matéria coincide com nossas crenças pessoais, nós ganhamos maturidade espiritual como Seres Humanos Superiores.

Considere isto: E se houver um plano muito maior, uma *verdade* visível, aperfeiçoada na natureza, que pode nos guiar para obtermos mais equilíbrio em nossos relacionamentos como raça humana?

## Núcleo Cristalino Hexagonal da Terra

Descobertas científicas fascinantes, feitas não faz muito tempo, comprovam a perfeição geométrica dos cristais. No Capítulo

Três, sobre o Coração Superior, trabalhamos com o equilíbrio de polaridades interiores, criando a grade hexagonal dupla. Recapitulando, o hexágono tem seis pontas, seis lados e ângulos iguais. Pode ser criado quando se combina um triângulo equilátero apontando para cima (masculino) com um triângulo equilátero voltado para baixo (feminino). Criando uma forma perfeita de seis lados por dentro e por fora, a grade hexagonal dupla simboliza continuamente a potencial ligação e harmonização de polos opostos.

Em mais de trinta anos trabalhando com cristais, descobri que uma informação muitas vezes leva à outra, que leva à outra, e assim sucessivamente. Por fim, essas informações se encaixam e formam um corpo de conhecimento realmente impressionante. Aqui está um grande exemplo. Um amigo meu me enviou um artigo da seção de ciências do *New York Times*, do dia 4 de abril de 1995. Esse artigo de duas páginas afirmava que o núcleo da Terra é supostamente composto de um gigantesco cristal de ferro hexagonal.

Nosso planeta tem quatro camadas diferentes. A primeira é a crosta sobre a qual vivemos. Como a casca de uma laranja, ela se move sobre a superfície da Terra. A crosta é composta de muitos segmentos rígidos conhecidos como placas tectônicas. Esses enormes blocos de rocha sólida e resfriada podem variar de dezenas a centenas quilômetros de profundidade e cortam os continentes e oceanos. O próximo nível é o manto, localizado sob a crosta e composto de rochas densas e quentes. O movimento do manto faz que as placas tectônicas se desloquem, criando terremotos e *tsunamis*. O manto tem quase três mil quilômetros de espessura e sua temperatura pode chegar a dois mil graus Celsius, nas regiões mais profundas.

O peso da Terra se deve principalmente ao ferro que existe no núcleo. A superfície do planeta, no entanto, é feita principalmente de elementos mais leves, como o silício e o oxigênio, que são encontrados no quartzo. Quando nossa Terra foi formada, há bilhões de anos, a maior parte do ferro afundou até o interior mais profundo do planeta por causa do seu peso. Desse modo, um núcleo interno e um núcleo externo acabaram se formando. O núcleo externo é de ferro fundido. O núcleo interno é mais profundo ainda, com pressões e densidades tão grandes que o ferro permanece sólido apesar da pressão intensa e temperaturas extremamente altas, de até 4.000 graus Celsius.

Alguns cientistas agora acreditam que o núcleo seja um único cristal de átomos de ferro, com seu próprio campo magnético. Esse núcleo interno sólido tem quase 2.500 quilômetros de largura e representa menos de um por cento do volume da Terra. Até agora, os cientistas calculavam que o núcleo interno da Terra fosse obscuro, inexpressivo, causando pouco ou nenhum impacto observável sobre o planeta. Mas novos estudos indicam uma história diferente. Essa massa de metal parece ter uma textura semelhante à da madeira. Tais temperaturas e pressões extremas são necessárias para que esse grande cristal de ferro se desenvolva.

Alguns especialistas acreditam que o núcleo interno tenha uma estrutura sólida cristalina, de proporções gigantescas. O doutor Ronald E. Cohen, um geofísico do Instituto Carnegie, de Washington, está usando supercomputadores para moldar a estrutura do núcleo. Ele disse numa entrevista, "Minha hipótese é a de que o centro da Terra é como um diamante, simplesmente um enorme cristal único".

Para estudar essa região mais profunda da Terra, são usados sensores que podem captar vibrações fracas no solo, chamadas *ondas sísmicas*. Esses sensores permitem que os cientistas mapeiem os caminhos e velocidades dessas ondas de choque, que irradiam de fortes terremotos, assim como as marolas que se formam quando se joga uma pedra num lago. Registros de terremotos mostram que as ondas sísmicas demoram cerca de quatro segundos a mais para passar do leste para o oeste do que do norte para o sul. Foi descoberto que essas ondas teriam que passar por um objeto, que as transmitia em diferentes velocidades e em diferentes direções. Os cristais têm essa propriedade.

Testes científicos para determinar a forma do cristal na superfície do núcleo da Terra foram concluídos. Eles indicaram que o ferro pode formar cristais em três estruturas geométricas conhecidas. A primeira é uma estrutura cristalina cúbica de corpo centrado, formada por um único átomo de ferro cercado por outros oito. Geralmente encontrada na superfície da Terra, essa estrutura é instável demais em alta pressão para existir no núcleo da Terra.

A segunda estrutura geométrica na qual o ferro pode se formar é a cúbica de face centrada. Um único átomo de ferro é cercado por doze outros, repetindo-se infinitamente em um padrão cúbico. Essa estrutura é estável em altas pressões, mas a magnitude da sua direcionalidade não se ajusta aos dados sísmicos.

A forma final é a hexagonal compacta, que também tem um único átomo cercado por uma dezena de outros, mas sua unidade padrão é um prisma hexagonal. Ela pode suportar não apenas altas temperaturas e alta pressão, mas também corresponde aos dados sísmicos.

A teoria do cristal único responde a perguntas de longa data sobre o comportamento do campo magnético terrestre. No entanto, essa teoria ainda tem que ser aperfeiçoada e mais evidências sísmicas reunidas para que ela ganhe ampla aceitação. Os sismólogos estão sempre em busca de novas pistas. Foi previsto que ondas de choque transmitidas por um grande cristal interno causarão repercussões sutis na superfície da Terra, na forma de um tipo particular de onda. A pesquisa continua.

A próxima peça do quebra-cabeça surgiu quando eu estava numa reunião e uma amiga me disse: "Ei, legal ver que Carl Sagan escreveu sobre você em seu novo livro".

Eu disse: "O quê?!".

Ela me disse para eu conferir o livro dele intitulado *O Mundo Assombrado pelos Demônios*. Como Carl Sagan era um conhecido astrônomo, astrofísico e cientista americano, fiquei curiosa para saber o que ele tinha a dizer sobre mim e meu trabalho. Mas, quando comprei o livro dele, fiquei chocada ao saber que eu era uma das muitas pessoas a que ele se referia como um dos "demônios que assombravam este mundo". A definição dele de demônio era muito ampla, pois ele se referia a muitos indivíduos que não puderam provar intelectualmente nem cientificamente o que ele estava tentando desmascarar. Descobri, no entanto, enquanto lia as informações nas primeiras páginas do seu *best-seller*, que ele tinha sido muito mais gentil comigo do que com a maioria dos outros. Ele escreveu:

> *Há centenas de livros sobre Atlântida — o continente mítico que dizem ter existido há uns 10 mil anos no oceano Atlântico. (Ou em algum outro lugar. Um livro recente o localiza na Antártida.) A lenda remonta a Platão, que a relatou como uma história de eras remotas que lhe chegou aos ouvidos. Livros recentes descrevem com segurança o alto nível da tecnologia, dos costumes e da espiritualidade em Atlântida, bem como a grande tragédia que significa um continente povoado afundar nas ondas. Há uma Atlântida da "Nova Era", "a lendária civilização de ciências avançadas", voltada principalmente para a "ciência" dos cristais. Numa trilogia chamada Crystal Enlightenment, escrita por Katrina Raphaell — os livros que são os principais responsáveis pela mania de cristais nos Estados Unidos —, os cristais de Atlântida leem a mente, transmitem pensamentos, são repositórios da história antiga, bem como o modelo e a fonte das pirâmides do Egito. Nada que chegue perto de alguma evidência é oferecido para apoiar essas afirmativas.*

Eu li esse trecho e pensei: "Oh, não, um dos maiores cientistas do mundo está chamando meu trabalho de farsa e me considerando um demônio!". Mas então eu continuei a leitura e fiquei exultante quando ele na verdade, sem saber, validou meu trabalho com a declaração seguinte:

*Talvez haja um ressurgimento da mania de cristais depois da recente descoberta, feita pela ciência verdadeira da sismologia, de que o núcleo interior da Terra pode ser composto de um único cristal imenso e quase perfeito — de ferro.*

Tudo bem Sr. Carl Sagan... nenhum mal foi feito. Mas, mais uma vez, ali estava a mesma mentalidade de orientação científica afirmando que existe um enorme cristal de ferro no centro da Terra. A essa altura eu já tinha estabelecido uma relação pessoal com o núcleo de cristal hexagonal do nosso planeta através de uma prática mais profunda de ancoramento e meditação.

No meu terceiro livro, *Transmissões Cristalinas*, discutimos sobre a Estrela da Terra, um chakra de ancoragem para a luz espiritual, abaixo da sola dos pés. A hematita (óxido de ferro) é usada para ativar esse chakra. Nos meus cursos, ensino os alunos a ancorar sua luz na Estrela da Terra, e então conscientemente lançar uma âncora até o centro da Terra. Visualizar um enorme cristal de ferro hexagonal fazia todo o sentido para mim, pois eu via nossa Mãe Terra equilibrada no seu interior mais profundo com um núcleo cristalino.

Durante minha contínua pesquisa, passei a entender que esse enorme cristal ferroso é do tamanho da nossa lua, com cerca de 2.400 quilômetros de largura. É totalmente inacessível à observação direta, porque é cercado pelo invólucro líquido de ferro rochoso do núcleo externo. Os cientistas acreditam que a agitação constante e turbulenta do ferro fundido do núcleo externo seja responsável pelo campo magnético da Terra. O núcleo interno não pode gerar um campo magnético por conta própria, mas o magnetismo do núcleo externo induz um campo nele, assim como um ímã permanente pode magnetizar temporariamente um clipe de papel.

O núcleo interno é *anisotrópico*, ou seja, suas características se alteram dependendo das direções em que são medidas. Sua textura estriada é semelhante à granulação da madeira e permite que as ondas sonoras sejam mais rápidas à medida que viajam na direção norte-sul, em oposição à leste-oeste. Quando a realidade do núcleo cristalino hexagonal da Terra for mais pesquisado, os cientistas esperam ser capazes de responder a várias perguntas sobre o campo magnético da Terra. Isso pode trazer mais compreensão para o fato de que, a cada poucas centenas de milhares de anos, os polos magnéticos norte e sul da Terra mudam e ficam temporariamente presos numa orientação intermediária, possivelmente causada pelo núcleo interno.

Alguns cientistas acreditam que esse núcleo cristalino pode ter crescido gradualmente até atingir seu tamanho atual, quando o ferro líquido na parte inferior do núcleo externo se solidificou e se prendeu ao núcleo interno. Esse processo teria ocorrido num ritmo muito lento, com poucos distúrbios externos — assim como as condições que favorecem o crescimento de grandes cristais na Terra. Essa solidificação lenta do ferro num cristal pode ter levado bilhões de anos para se formar, com as pressões esmagadoras e o calor extremo que prevalecem no centro da terra. À medida que nosso planeta vai envelhecendo cada vez mais, o núcleo interno sólido continua a crescer continuamente, à custa do núcleo externo líquido. O que acontecerá se e quando o núcleo interior abarcar totalmente o núcleo externo, isso não se sabe.

Aprendi que nossa preciosa Terra tem seu próprio destino e *design* perfeitos, completamente organizado e cristalino por natureza. Deu-me mais esperança simplesmente saber disso, bem como uma crença mais forte num senso de unidade divina na evolução natural da Terra. Essa informação validou o meu trabalho anterior com o uso da hematita (óxido de ferro) no chakra da Estrela da Terra, para ancorar energias espirituais mais elevadas no corpo físico. É reconfortante saber que, quando nos concentramos na Estrela da Terra através dos Olhos nos Pés, podemos nos conectar conscientemente com o próprio centro do núcleo cristalino do nosso planeta.

Eis uma meditação simples para ajudá-lo a se conectar diretamente com o cristal de ferro sólido da Terra. Fique em pé, com seu peso uniformemente equilibrado entre ambos os pés. Endireite a coluna, relaxe os ombros e comece a respirar fundo, enquanto visualiza sua luz interior na parte inferior da coluna e no sacro. Depois, inspire conscientemente e direcione sua luz descendo da parte inferior da coluna até o centro das panturrilhas e saindo pelas solas dos pés, em direção à sua Estrela da Terra. Expire enquanto solta uma âncora consciente da sua Estrela da Terra para o núcleo cristalino no centro do nosso planeta. Continue a respirar por alguns momentos no núcleo hexagonal da Terra, à medida que você o sente por si mesmo, entra em sintonia com ele e obtém sua própria impressão. Depois, faça uma inspiração mais profunda, com o foco ainda no centro da Terra. Ao inspirar fundo, puxe a energia cristalina da Terra para a sua Estrela da Terra. Expire enquanto direciona essa energia telúrica para dentro dos seus pés, até o centro das panturrilhas e a parte inferior da coluna. Inspire levando o ar pelas pernas até a Estrela da Terra. Expire e se ancore no núcleo da Terra. Continuar respirando dessa maneira. À medida que você pratica essa respiração e visualização, pode se ancorar na fonte mais perfeita de força disponível, o cristal de ferro hexagonal do núcleo do nosso mundo.

## Polo Norte Hexagonal de Saturno

Além dos belos anéis que o cercam, Saturno foi há pouco tempo fotografado com um hexágono perfeito em seu polo Norte. No final de 2006, a sonda Cassini da NASA fotografou um dos padrões temporais mais fascinantes já vistos no nosso Sistema Solar. Usando o brilho térmico de Saturno como fonte de luz, imagens infravermelhas confirmaram que um enorme padrão hexagonal de nuvens na forma de favo de mel circunda o polo Norte de Saturno. Kevin Baines, especialista na atmosfera de Saturno e membro da equipe de mapeamento visual da sonda Cassini no Laboratório de Propulsão a Jato da NASA, disse, conforme citado no site da NASA www.nasa.gov:

> É uma característica muito estranha, essa forma geométrica precisa, com seis lados praticamente equilaterais. Nós nunca vimos nada como isso em qualquer outro planeta. De fato, a espessa atmosfera de Saturno, onde prevalecem ondas de formato circular e células convectivas, talvez seja o último lugar que esperaríamos ver uma figura geométrica de seis lados, mas aí está. Uma vez que entendemos sua natureza dinâmica, esse hexágono polar duradouro pode nos dar uma pista para a verdadeira taxa de rotação da atmosfera profunda e talvez do interior do planeta. Ninguém entende o que é. Até a Cassini ninguém tinha visto nenhuma outra característica dinâmica durar mais de um ano em Saturno. Mas essa coisa está lá há mais de um quarto de século.

O hexágono de Saturno é enorme, com quase 25.000 quilômetros de largura, cerca de quatro vezes o tamanho da Terra. Saturno tem um inverno que dura 15 anos, com uma longa noite polar. O hexágono foi fotografado pela primeira vez pela nave espacial Voyager 26, da NASA, em 1980. As imagens da Voyager foram capturadas perto do equador, quando o polo estava iluminado pela luz do sol, e só pôde revelar as camadas superiores do hexágono a partir de um único ângulo. Agora, as câmeras infravermelho da Cassini capturaram imagens do alto, durante a longa noite polar de Saturno.

Parece que esse hexágono permaneceu fixo com a taxa de rotação e o eixo do planeta desde que foi visto pela primeira vez em 1980. Quando descoberto pela Voyager, não ficou claro se se tratava de uma formação hexagonal e, em caso afirmativo, se perduraria. Os cientistas estão agora concluindo que, como os anéis, o hexágono do polo Norte pode ser uma das características distintas de Saturno. Os cientistas continuam perplexos, sem conseguir explicar como as forças atmosféricas estão criando e sustentando a grade hexagonal norte formada de modo natural em Saturno.

A energia dentro do hexágono não está estagnada, ela é extremamente dinâmica. Parece com uma clareira nas nuvens, uma onda planetária extraordinariamente forte, envolvendo o polo e se estendendo profundamente na atmosfera. As imagens térmicas mostram que o hexágono se estende por 100 quilômetros, aproximadamente, abaixo do topo das nuvens. Ele mantém a mesma rotação do planeta e permanece estacionário. Mas existe um sistema de nuvens dentro dele que parece estar se movendo em torno dos seis ângulos em grande velocidade. A aurora do norte de Saturno está diretamente acima. A área tem uma energia viva.

Algo bem diferente é encontrado no polo Sul de Saturno. Visto recentemente pela primeira vez, o polo Sul se parece como uma gigantesca tempestade semelhante a um furacão, com um enorme olho bem desenvolvido e nuvens altas e rodopiantes. As nuvens rodopiam no sentido horário a 550 quilômetros por hora, com dois braços espirais de nuvens que se estendem do anel central.

Saturno é um planeta gasoso no qual não se formam furacões a partir do ar úmido que sobem da superfície do oceano, como aqui na Terra. Saturno não tem um oceano de água em sua superfície, por isso ainda não está claro como o furacão de Saturno se formou. Esse furacão gigante é obviamente diferente. Está fixo no polo Sul e não se movimenta. As nuvens características da parede do olho, criadas quando os furacões da Terra se formam, não foram vistos em nenhum outro planeta até agora.

Esse furacão abrange uma área escura dentro de um anel espesso e mais brilhante de nuvens. É enorme, aproximadamente 8.000 quilômetros, ou dois terços do diâmetro da Terra. Por cima do olho do furacão de Saturno, os céus são claros e parecem se estender para baixo por uma distância cerca de duas vezes maior do que o nível normal de nuvens em Saturno. A nave espacial Cassini capturou a visão mais profunda capturada até agora deste planeta e revela um misterioso conjunto de nuvens escuras na parte inferior do olho do furacão.

Como o hexágono e muitas outras formas, essa espiral com um rápido vórtice de energia é uma manifestação clara da geometria sagrada. A espiral simboliza movimento, mudança, crescimento, evolução e a vida eternamente se recriando. Espirais são encontradas em todos os lugares da natureza. Nossa Via Láctea é uma espiral e as ondas também, além de muitas conchas. Algumas plantas, como as samambaias, se desdobram num padrão em espiral. A água dos vasos sanitários flui num vórtice em espiral. Furacões e tornados são duas espirais em movimento na natureza. Saturno tem um polo Norte hexagonal, um furacão gigantesco com um enorme olho circundando o polo Sul e é cercado por anéis. Por que você acha que os ventos de Saturno sopram num padrão hexagonal no polo Norte? Que efeito a espiral no Sul tem sobre o hexágono do Norte? Será que um mantém o outro no lugar? Eu não sei as respostas, mas acho as perguntas absolutamente intrigantes, à medida que descubro mais peças do quebra-cabeça. Por ora, sei que o hexágono é uma forma sagrada, capaz de criar harmonia, equilíbrio e unidade a partir da separação. Serão necessárias ainda mais pesquisas e mais meditação e estou muito empolgada com isso.

## Forma Hexagonal na Natureza

O padrão hexagonal é óbvio em nosso Sistema Solar. Que forças criam essas profundas formas sagradas, e ainda incompreensíveis, dentro do nosso planeta e em Saturno? Pitágoras, filósofo grego conhecido como o pai da Matemática, disse: "Primeiro havia Deus e depois Deus criou a Geometria". Ele acreditava que as primeiras formas primitivas perfeitas que surgiram da unidade do criador supremo eram formas geométricas. Nós encontramos essas formas em todos os mecanismos naturais do nosso universo. Neste livro em particular, nosso foco principal é o hexágono.

Muitos cristais se desenvolvem no formato hexagonal, como o quartzo, o rubi, a água-marinha, a safira e a apatita, que são apenas alguns deles. No nível molecular, os hexágonos se agrupam ordenadamente para criar essas estruturas cristalinas. Não existe uma ordenação aleatória das moléculas, ninguém fica de fora, gritando: "Não! Eu quero fazer do meu jeito!". Em vez disso, cada átomo da criação está em alinhamento e harmonia com todos os outros átomos, em perfeito acordo. É essa harmonia inata na composição inerente dos cristais que os torna valiosos instrumentos de cura. Eles são unificados internamente e transmitem uma vibração de completude.

A água é uma molécula hexagonal. Todo floco de neve tem seis lados. Setenta por cento do nosso corpo é composto de água e aproximadamente setenta por cento do nosso planeta também é composto de água. Existem muitas unidades hexagonais dentro de nós e ao nosso redor o tempo todo. A vida como a conhecemos não pode sobreviver sem água. Uma parte extremamente intrincada da nossa força vital está ligada ao hexágono através da água.

Você já notou nas fotografias, na televisão ou nos filmes, pequeninas formas hexagonais de luz ou seis raios se estendendo do sol? Procure ver. Às vezes eles ocorrem quando se espirra água na lente da câmera e, outras vezes, não há água nenhuma. Depois que você começa a observar essas formas de luz hexagonais, sua percepção começa a mudar e é mais fácil vê-las o tempo todo. Isso significa que a luz viaja na forma hexagonal? Talvez.

As abelhas polinizam as plantas de que precisamos para sobreviver além de produzirem o mel, com sua doçura natural. As abelhas armazenam o mel em favos de mel hexagonais, que elas criam em conjunto, diligentemente. Por puro instinto, as abelhas sabem que uma célula hexagonal pode ser feita com uma quantidade mínima de cera e armazenam a quantidade máxima de mel. O método que elas usam para fazer os favos de mel hexagonais é realmente incrível. As abelhas começam a construir suas colmeias a partir de dois ou três pontos diferentes. Elas constroem favos de mel idênticos e depois vão formando cada favo de mel, juntando-os a partir do centro. As abelhas fazem seu trabalho tão bem que é impossível ver onde os favos de mel individuais foram unidos.

Calcule o senso de propósito coletivo que as abelhas têm com base na habilidade com que elas constroem e unem treliças hexagonais para formar sua casa. A harmonia inata de cada hexágono individual da colmeia, como uma molécula de um cristal, é a geometria sagrada na sua melhor forma, sendo o mel um doce subproduto que promove curas. Que seres evoluídos as abelhas são!

As tartarugas-de-couro têm uma carapaça rígida em formato triangular, com uma matriz embutida feita de ossos hexagonais. Os hexágonos são bastante comuns em lodaçais, onde a terra estava molhada e depois encolheu ao secar. Por que se formam hexágonos na lama? Será por causa da natureza hexagonal da água? Por que tanto o núcleo interior da Terra quanto o polo Norte de Saturno são ambos hexágonos? Por que só agora estamos tomando consciência dessas coisas, conforme esse novo ciclo de 2.000 anos começa?

O que eu sei com certeza é que podemos ver desenhos geométricos cósmicos em todos os lugares da natureza. Essa assinatura hexagonal, na linguagem da geometria sagrada, é criada por forças de uma ordem divina. É um grande desenho universal, tão vasto e, em essência, tão simples.

Que possamos conhecer a *verdade* unificando a física e a metafísica, a ciência e a alma, o espírito e a matéria. Dessa maneira, nós evoluímos para o Humano Superior.

# FOTOS DE CRISTAIS COLORIDOS

## Capítulo 2 — O Magenta da Mente Superior

1. Rubi

2. Kammererita

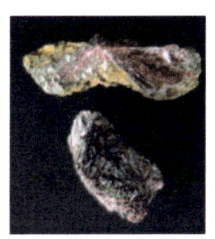

3. Eritrita

4. Vesuvianita

5. Eudialita

6. Labradorita Magenta

7. Lepidolita Magenta

8. Fluorita Magenta

9. Turmalina Magenta

10. Calcita Magenta 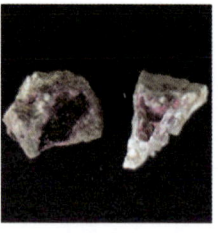   11. Roselita    12. Granada Magenta

## Capítulo 3 — Pedras Masculinas do Coração Superior de Cor Vermelho-Alaranjado Ígneo

13. Gema Rodocrosita    14. Zincita Vermelho--Alaranjada    15. Pedra do Sol

16. Vanadinita    17. Gema Esfalerita    18. Amonita Opalizada

19. Calcita Vermelho-
-Alaranjada

20. Granada

## Capítulo 3 — Pedras Femininas do Coração Superior de Cor Azul-Celeste Suave

21. Celestita

22. Ágata Renda Azul

23. Angelita

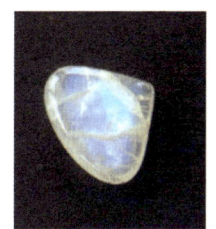

24. Pedra da Lua Arco-Íris

25. Calcita Azul-Clara

26. Cianita

27. Smithsonita Azul 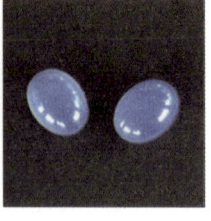    28. Calcedônia Azul

## Capítulo 4 — Pedras Verde-Limão do Corpo Físico Superior

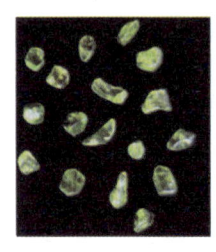

29. Peridoto     30. Piromorfita     31. Brazilianita

32. Gaspeíta 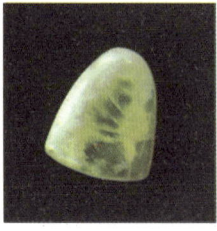    33. Prehnita     34. Apatita

35. Serpentina

36. Turmalina
Verde-Limão

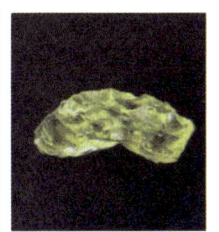

37. Obsidiana
Verde-Limão

38. Smithsonita
Verde-Limão

39. Fluorita
Verde-Limão

40. Calcita
Verde-Limão

## Capítulo 6 — Pedras Marrom-Avermelhados dos Olhos nos Joelhos

41. Astrofilita

42. Obsidiana Marrom

43. Citrino Marrom

44. Dravita       45. Granada Marrom-       46. Esfalerita
                  -Avermelhado

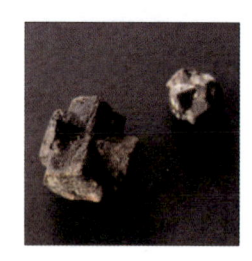

47. Estaurolita

# Capítulo 7 — Pedras Mescladas de Tons Claros e Escuros dos Olhos nos Joelhos

48. Especularita

49. Hematita Arco-Íris

50. Pedra Nebulosa

51. Elestiais

52. Obsidiana Arco-Íris

53. Quartzo Rutilado Enfumaçado

54. Labradorita

55. Olho de Falcão

Capítulo 6

## OLHOS NOS JOELHOS

Nossos joelhos são o que nos dá a capacidade de mover nosso corpo através do tempo e do espaço neste planeta. Eles conectam os ossos das pernas, o fêmur (osso da coxa) na parte superior da perna, com a tíbia e a fíbula, os principais ossos da parte inferior da perna.

Nos seres humanos, os joelhos suportam quase todo o peso do corpo. São articulações complexas, que flexionam e se estendem. Quando flexionamos o joelho, a perna se movimenta para trás. À medida que ele se estende, a perna se move para frente. Por isso podemos rastejar, ficar de pé, andar, correr, pular, saltitar e dançar. Com os joelhos dobrados, podemos tocar o chão ou nos ajoelhar em humilde oração.

Como os joelhos carregam o peso do nosso corpo físico aonde quer que vamos, não é de admirar que eles sejam uma importante região do Corpo Superior que chamamos de "Olhos nos Joelhos" (O/J). Pode parecer um nome incomum e os joelhos podem parecer um lugar um tanto peculiar para a consciência do Corpo Superior se estabelecer. No entanto, os Olhos nos Joelhos estabelecem a base para as frequências elevadas do Humano Superior se ancorarem no plano físico e operarem de modo criativo.

Os Olhos nos Joelhos representam um estado contínuo de ser que mantém você se desenvolvendo e avançando em seu caminho espiritual. Seus joelhos têm habilidades especiais para ajudá-lo a avançar numa direção positiva. Imagine que existam olhos pintados na parte de trás dos joelhos que podem ver claramente onde você já esteve. Se você tiver se desviado do seu caminho espiritual, os O/J irão ajudá-lo a mudar de direção. Se você já estiver em seu caminho espiritual, os O/J vão ajudá-lo a seguir em frente.

Os Olhos nos Joelhos, quando ativados, inspiram um desenvolvimento espiritual acelerado. Quando eles estão abertos, sabemos exatamente aonde estamos indo e como chegaremos lá. Sabemos onde estivemos, o que aprendemos com a experiência pessoal e como incorporar lições do passado na progressão para o futuro. Sabemos que passos precisam ser dados para evoluirmos e os damos, um passo consciente após o outro.

Os passos dados pelos Olhos nos Joelhos podem ser de natureza física, mental, emocional ou espiritual. Se vocês optar por superar um estado emocional prejudicial ou um estado mental negativo, os Olhos nos Joelhos irão ajudá-lo a prosseguir. No nível físico, se você quiser ir a algum lugar, os joelhos vão se flexionar e se estender quantas vezes for necessário para levá-lo até lá e depois trazê-lo de volta.

## Raio Colorido e Pontos de Disposição das Pedras

O ponto de disposição das pedras dos Olhos nos Joelhos está na *parte de trás de cada joelho*. É ali, na região mais macia, bem sobre a articulação, que estão esses olhos psíquicos. Quanto à disposição das pedras, se você tiver apenas uma pedra O/J, coloque-a bem entre os dois joelhos. É melhor para a ativação, no entanto, colocar uma pedra do mesmo tipo na parte macia atrás de cada joelho.

A cor dos Olhos nos Joelhos é um castanho-avermelhado brilhante e terroso. O marrom é uma combinação das cores vermelho, amarelo e preto. Adicione outro vermelho a essa mistura e você obterá a exata mescla de matizes que estimula perfeitamente esse Corpo Superior. Nessa mistura de cores, temos dois raios vermelhos, um amarelo e um preto. O raio vermelho duplo dos Olhos nos Joelhos traz possibilidade criativa e uma força dinâmica extra à maneira como você vive a sua vida.

Esse vermelho adicional completa uma soma de seis raios vermelhos no esquema cromático dos Corpos Superiores. Dois estão na Mente Superior, dois no Coração Superior e agora dois nos Olhos nos Joelhos. Essa abundância de raios vermelhos pode motivar o crescimento criativo acelerado. Mas o excesso de energia vermelha também pode ser um risco se usado com a intenção errada. Aspectos negativos do excesso de vermelho podem se manifestar como raiva, agressividade e comportamento irracional descontrolado. Emoções ardentes como a raiva, o ciúme, a frustração e a ansiedade podem se manifestar no corpo físico como erupções cutâneas, inflamações e febres. É importante que a energia criativa vermelha na Mente Superior e no Coração Superior esteja alinhada num propósito comum com o vermelho terroso dos Olhos nos Joelhos, para que a pessoa passe para a etapa do Guerreiro do Coração. O objetivo é ter todos os cinco Corpos Superiores trabalhando juntos, em harmonia. O Corpo Físico Superior deve estar em sintonia com a Mente Superior e o Coração Superior, para que você esteja apto a fazer escolhas conscientes. Também é muito importante que os Olhos nos Joelhos estejam em sintonia com o Corpo Físico Superior, para que você avance rumo à manifestação dos seus objetivos pessoais. A ação é realizada nos Olhos nos Joelhos e essa ação, quando alinhada, leva você na direção certa.

O tom terroso do marrom-avermelhado característico dos Olhos nos Joelhos está presente em muitos lugares da natureza. Essa é a cor normalmente vista na casca das árvores, na seiva do eucalipto, no reino mineral e em solos ricos em ferro, mineral que torna a terra vermelha, como se vê nas ilhas do Havaí, por exemplo. Essa cor representa o caminhar elevado neste mundo e o movimento alinhado com o propósito da sua alma e com confiança e clareza.

Com os Olhos nos Joelhos, você se conecta com a sua missão pessoal no plano terreno, à medida que avança na direção dela. Quando esses olhos espirituais estão despertos e sua cor de "cerveja preta" é ativada, qualquer movimento que você faz é fortalecido com a orientação da sua alma.

Seus olhos sonolentos começam a se abrir quando você começa simplesmente a prestar mais atenção na terra como um todo, no meio ambiente, no reino vegetal (dévico), no mundo mineral e nos planos terrestres interiores. Com o propósito de sua alma direcionando sua caminhada neste plano terreno, as portas começam a se abrir, pois você é naturalmente atraído para pessoas e circunstâncias que põem apoiar seu caminho espiritual.

## O Despertar dos Olhos nos Joelhos

A consciência dos Olhos nos Joelhos é um bom primeiro passo para a ativação. Tente ficar mais atento aos passos que você dá enquanto caminha a cada dia. Seus passos são leves ou pesados? Você sempre começa a andar com a mesma perna? Procure notar se um joelho é mais forte do que o outro ou se você tem o hábito de cruzar sempre um determinado joelho sobre o outro. Qual lado é mais dominante? Reserve um tempo para se sintonizar com seus joelhos. Fale com eles. Como eles estão? O que têm para compartilhar com você? Eles o levaram a todos os lugares em que você já esteve na vida. Eles são o seu meio de transporte pessoal. Seja grato aos seus joelhos.

A menos que você tenha sofrido um acidente ou uma lesão, a dificuldade para avançar pode ser resultado de desequilíbrios em seu aspecto masculino ou feminino. Se um lado é obviamente dominante e o outro submisso, pratique a Meditação do Coração Superior para identificar se o masculino, lado direito, ou o feminino, lado esquerdo, está com dificuldade para se impor. Conforme você avança na vida, a escolha e a responsabilidade pelo que você cria devem estar igualmente equilibrados e ser compartilhados pelo Polo Masculino do Coração Superior e pelo Polo Feminino do Coração Superior.

Eis um exercício simples que o ajudará a estimular os Olhos nos Joelhos. Deite-se de bruços e coloque uma pedra marrom-avermelhado embaixo de cada joelho. Feche os olhos, traga sua atenção para os joelhos, respire fundo e direcione a cor vermelho-terrosa para a parte de trás de cada joelho. Continue fazendo isso por, pelo menos, onze minutos, mantendo a Mente Superior concentrada. Seja receptivo a quaisquer impressões sutis (ou possíveis lembranças) que possam surgir e lhe dar mais informações intuitivas sobre problemas que podem estar retardando a sua jornada.

Os Olhos nos Joelhos irão ajudá-lo a seguir em frente, pois você aprende a ser mais resiliente para superar estados negativos. Se você cair, os O/J o ajudarão a se recuperar o mais rápido possível. Quando você recuperar seu equilíbrio pessoal, levante-se e continue seguindo em frente sem culpa ou vergonha. Se você arrastar seu passado com você, isso será um sinal de que os Olhos nos Joelhos não estão sendo bem utilizados. Se os O/J estiverem despertos, será impossível ficar chapinhando no atoleiro da autorrecriminação. Em vez disso, você não terá dificuldade para sair desse lodaçal e criar seu próprio futuro.

O raio marrom-avermelhado terroso estimula você a encarar as adversidades e seguir em frente. Ele o ajuda a voltar a se erguer, sempre que preciso, com o poder do Corpo Superior. Também o ajuda a não ficar preso ou, caso isso aconteça, a se desvencilhar da situação com mais desenvoltura. Essa resiliência faz que você ache mais fácil manter-se forte e comprometido com a jornada da sua vida.

## Proteção

Quando os Olhos nos Joelhos começam a se abrir, eles lhe permitem ver com mais clareza quando é melhor se afastar das situações e das pessoas que não o estão ajudando a trilhar o caminho que escolheu. À medida que você segue em outra direção, você passa naturalmente a avançar rumo a relacionamentos novos que o apoiarão. Com o apoio interior e exterior, você consegue se ancorar com mais firmeza e estabelecer deliberadamente a direção que quer seguir na vida.

Os Olhos nos Joelhos, quando abertos, podem ajudá-lo a saber intuitivamente o que está acontecendo atrás de você, como se tivesse uma visão de 360 graus. Lembre-se, os olhos estão na parte de trás dos joelhos, um lugar onde você não pode ver, a menos que se vire e olhe para trás. Mas e se você pudesse sentir a energia negativa vindo em sua direção? E se tivesse uma intuição clara (Físico Superior) que o avisasse de situações difíceis de antemão, de modo a poder se afastar para evitar o conflito? Isso é chamado de Autodefesa do Corpo Superior. Pense a respeito. Nada de receber punhaladas pelas costas ou sofrer retornos kármicos inconscientes. Com os Olhos nos Joelhos abertos, é fácil captar uma energia adversa vindo na sua direção e literalmente sair do caminho das situações perigosas ou negativas que possam detê-lo.

Os Olhos nos Joelhos, quando abertos, nos estimulam a olhar de frente os medos represados na mente subconsciente, às nossas costas, onde a energia reativa se acumula. Trabalhando com a Mente Superior, os Olhos nos Joelhos podem iluminar nossas partes sombrias e nos mostrar como elas atuam inconscientemente em nossa vida. Estar consciente da nossa própria sombra é uma das melhores maneiras de garantir que ela não nos fará tropeçar quando queremos seguir em frente.

Com os olhos do rosto, você pode ver o que está vindo na sua direção, no momento presente. Com os O/J, na parte inferior do corpo, às suas costas, você ganha um sentido extra-sensorial de tudo o que aconteceu antes em sua experiência pessoal. Quando os Olhos nos Joelhos estão bem abertos, você pode testemunhar tudo o que ocorreu durante toda a jornada da sua alma. A partir dessa perspectiva expandida, é mais fácil identificar padrões e lições repetitivas, sejam eles da infância ou de vidas passadas.

Os Olhos nos Joelhos ajudam você a aprender com seu passado, conforme é guiado em direção ao futuro. Quando você tem uma noção da jornada da sua alma através do tempo, os O/J lhe fornecem um novo tipo de proteção. Saber onde você esteve e onde você quer ir é inestimável. Abandonar velhos padrões e cultivar novos conscientemente é o principal passo de dança dos Olhos nos Joelhos.

Com os Olhos nos Joelhos abertos, você instintivamente entra em relacionamentos e circunstâncias positivas. Começa a ter uma sensação de bem-estar cada vez maior à medida que se aproxima com confiança da manifestação dos seus objetivos. Esses olhos especializados atraem você para o caminho que está em sintonia com o destino mais elevado da sua alma, seja em relação à sua carreira profissional, sua vida financeira, sua família, seus relacionamentos ou sua realização pessoal.

Às vezes, a mensagem recebida dos Olhos nos Joelhos é para que você *não* avance. Talvez seja melhor desacelerar e se reconectar com o seu espírito. Se sua natureza é ir sempre em frente sem parar até bater numa parede, a mensagem pode ser para você parar por tempo suficiente para respirar conscientemente e apenas SER. Um viciado em trabalho geralmente está com pressa, pois há muita coisa acontecendo ao mesmo tempo, por isso ele dá muito poucos passos de modo consciente. Os Olhos nos Joelhos podem orientá-lo a parar por tempo suficiente para ouvir o chamado da sua voz interior. Às vezes é preciso fazer um retiro para descansar, meditar e se voltar para dentro. Seja qual for a sua necessidade, você pode confiar nos O/J, pois eles sempre podem levá-lo a um patamar superior àquele em que você está.

Quando você começar a dar passos conscientes, procure ficar consciente também do momento preciso em que dá cada passo, quando um pé está estável no chão e a outra perna levantada no ar, estendendo-se para a frente, para dar o próximo passo, mas ainda sem tocar o chão. Esse é um momento de possibilidades, em que você sabe para onde está indo, mas ainda não chegou lá. Naquele instante de levantar o joelho para dar um passo à frente, há o potencial de terminar o passo onde você quer estar. Nesse momento precioso, o objetivo se aproxima com a sua expectativa de "chegar", seja na cozinha, numa loja, em outro país ou na sua casa.

No momento de avançar para dar o próximo passo, os Olhos nos Joelhos podem orientá-lo a seguir um caminho diferente. Esteja disposto a mudar de direção se receber uma orientação espontânea. Talvez pegando uma rota diferente, você evite um acidente ou encontre um bom amigo que não vê há muito tempo. Com os O/J abertos, você está sempre receptivo à intervenção divina. Seguindo essa liderança espontânea, você pode ser guiado para pessoas e lugares que podem mudar sua perspectiva e redirecionar o curso da sua vida. Os Olhos nos Joelhos ajudam você a ficar aberto à orientação divina, o que pode significar mudar de planos a qualquer momento.

Quando o joelho esquerdo se levanta para dar um passo à frente, automaticamente temos que manter o equilíbrio da perna direita por um instante. À medida que damos o próximo passo, temos que nos equilibrar por uma fração de segundo na perna esquerda. Andar é um ato de equilíbrio entre nossos lados direito e esquerdo, os aspectos masculino e feminino do Coração Superior. Ao andar, precisamos ser capazes de nos equilibrar, por um breve instante, tanto no nosso lado direito quanto no esquerdo.

Tente fazer uma caminhada de vinte minutos sozinho um dia desses. Concentre-se em alinhar o Coração Superior com os Olhos nos Joelhos enquanto anda. Esteja consciente de cada passo, equilibrando seu peso em cada um dos lados. Enquanto caminha, faça seu aspecto masculino falar (em voz alta ou silenciosamente) com seu lado feminino interior receptivo. Deixe que seu eu feminino compartilhe com seu eu masculino enquanto ele ouve. Traga seus aspectos masculino e feminino para o Coração Superior e respire profundamente enquanto caminha. Durante a caminhada, tente manter um estado interior de equilíbrio. Após a caminhada, reflita. Você conseguiu fazer a comunicação entre seus lados masculino/feminino, ao mesmo tempo em que descobriu um pouco mais sobre a maneira como moveu seu corpo, andou, sentiu, pensou e percebeu?

## Um Passo para o Futuro

Em termos astrológicos, o planeta Saturno é o Senhor da Forma, o Mestre da Matéria. Os cristais de quartzo são regidos por esse planeta rodeado de anéis, que tem domínio sobre a cristalização. Do ponto de vista simbólico, isso pode se referir a velhos hábitos que são difíceis de romper ou à cristalização de novos padrões. Num sentido metafórico, Saturno oferece um receptáculo para a criação e define seus limites. Ao fazer isso, ele cria uma ordem que permite que uma nova forma passe a existir.

Saturno também é conhecido como o Senhor do Karma, pois mostra que você é responsável por tudo o que cria. Tanto as ações conscientes quanto as inconscientes criam karma. Haverá resultados seja o que for que você faça. Os Olhos nos Joelhos se afastam do que é antigo e desatualizado e avançam rumo ao que é fortalecedor e inovador. Saturno lhe ensina a realidade de ser responsável por tudo o que você pensa, sente, diz e faz. Saturno rege os joelhos e nos dá lições de humildade. Precisamos ser capazes de nos curvar respeitosamente e com humildade no altar do poder divino. Com os O/J ativados, conseguimos reconhecer a sabedoria de experiências passadas e aprender as lições cumulativas. Com a jornada da alma claramente vista pelos O/J, torna-se evidente quando acelerar e seguir em frente, ou diminuir a velocidade, a fim de evitar armadilhas do passado. Saturno cria uma forma estruturada para que nossa alma possa aprender as lições desta realidade tridimensional.

O Corpo Físico Superior trabalha diretamente com os Olhos nos Joelhos. Se você sentir uma carga emocional reativa tomando conta de você e provocando palavras duras ou um comportamento agressivo, preste atenção na sua respiração e na sede da sua vontade, no ponto *na'au* do Físico Superior. Nesse momento, os Olhos nos Joelhos vão estar prontos para entrar em ação e passar pelos próximos momentos potencialmente instáveis de uma maneira nova. Talvez desta vez, em vez de despejar emoções negativas sobre a outra pessoa, você prefira rir e se afastar. Ou pode ser orientado a se voltar com amor para o objeto da sua emoção. Talvez você se posicione e expresse a sua verdade. Ou pode dar um passo para trás e abrir mão do seu suposto direito de revidar. Uma coisa é certa. Com o Físico Superior e os Olhos nos Joelhos trabalhando juntos, sua resposta estará mais em sintonia com o propósito da sua alma. Mesmo que você dê dois passos para frente e um para trás, você ainda vai estar progredindo.

Os Olhos nos Joelhos se movem com ligeireza e resiliência para que você possa seguir o propósito de Corpo Superior. Eles se movem a cada momento com determinação para criar conscientemente o seu futuro. Mantendo-se firme no caminho e avançando, você ganha coragem e força espiritual para empreender uma ação física forte sobre este plano terreno. Com energia espiritual extra armazenada para avançar, os Olhos nos Joelhos ativados o manterão consciente de cada passo que dá, reivindicando o futuro em vez de deixá-lo preso ao passado.

Ao olhar para o futuro, é fácil ver que grandes mudanças são necessárias para que a humanidade sobreviva. Cada um de nós tem um papel diferente a desempenhar. Alguns podem estar na política, alguns podem ser agricultores e alguns podem negociar ações, enquanto outros podem ser pais de família. Não importa onde você esteja ou o que esteja fazendo. A abertura dos O/J o levarão a avançar de acordo com a sua própria orientação divina.

É importante ficarmos atentos ao que está acontecendo em nossa comunidade, nação e mundo. Conhecimento é poder. Mas, enquanto nos envolvemos em questões mundanas maiores, os O/J nos ensinam a não deixar que essas questões nos controlem ou nos definam. Em vez disso, tornamo-nos mais comprometidos em criar beleza, paz e prosperidade em nosso próprio ambiente. Essa, por si só, já é uma contribuição para a paz. Crie situações que evoquem bom humor e momentos de amorosa diversão. Esforce-se para manter uma relação harmoniosa com a natureza e com os elementos que sustentam nossa própria vida. Reserve um tempo para ficar em meio à natureza.

## Pedras para os Olhos nos Joelhos

Tal como acontece com todas as pedras para os Corpos Superiores, precisamos de raios de cores específicas. Para os Olhos nos Joelhos, esse raio tem uma parte preta, uma parte amarela e duas partes vermelhas, a cor dominante, que varia entre o amarelo e o duplo raio vermelho terroso. Em outras palavras, a cor dos O/J geralmente consiste num vermelho duplo forte, mas às vezes também podem ser usadas pedras com predominância de amarelo (ou dourado). Todas as pedras listadas aqui produziram bons resultados, mas pode haver dezenas de outras pedras por aí, aguardando para serem descobertas, por isso fique de olhos bem abertos. E isso vale para todas as pedras do Corpo Superior.

A ASTROFILITA é um mineral raro de titânio, que se forma muitas vezes com a calcita branca. A calcita ajuda a unir realidades paralelas e estimula o crescimento. A astrofilita se manifesta como explosões estelares de tom bronze profundo, com raios metálicos cintilantes, muitas vezes sobre o fundo branco de calcita.

Raios brilhantes de marrom-avermelhado, com matizes de um dourado profundo, refletem sobre o marrom mais escuro, à medida que a astrofilita brilha junto aos Olhos nos Joelhos. Uma pedra rara, alguns dos seus melhores exemplares vêm da Rússia.

A astrofilita carrega com sua energia os sistemas sutis de energia do corpo; os meridianos, os chakras e a aura. Quando essas energias sutis são estimuladas, é mais fácil para os O/J fazer a transição do velho para o novo. Trazendo à vida a força do espírito dentro de nós, a astrofilita nos ajuda a aprender a dançar ao ritmo dos nossos próprios tambores.

Ela tem uma capacidade dinâmica de facilitar a viagem astral consciente, proporcionando asas metafóricas para o *voo astral*. Muitas vezes viajamos para o plano astral quando dormimos. Alguns dos sonhos de que conseguimos nos lembrar são experiências vividas no plano astral. A astrofilita pode nos ajudar a viajar conscientemente para o astral em estado de vigília ou durante o sono.

Coloque a astrofilita atrás dos joelhos quando for dormir. Ela irá ajudá-lo a se lembrar dos seus sonhos e vivências no mundo astral. Se você sabe que está sonhando, e que pode afetar o resultado desse sonho, isso é uma indicação de que está viajando com os Olhos nos Joelhos bem abertos no plano astral.

Com o foco na Mente Superior e a força de vontade do Físico Superior, é possível sair conscientemente do seu corpo enquanto está acordado.

Para praticar a viagem astral consciente, deite-se e coloque a astrofilita na parte de trás de cada joelho, no Terceiro Olho, na palma das mãos e na nuca, bem na base da cabeça. Relaxe totalmente o corpo físico, respirando fundo e mantendo um estado de percepção consciente. Defina uma intenção clara sobre o lugar onde deseja ir. Ao tentar a viagem astral consciente, você deve aceitar a responsabilidade de deixar seu corpo físico e voltar para ele com segurança. Estar consciente da respiração do corpo físico é a chave quando se está fazendo viagens astrais. Não importa onde você esteja, especialmente se for uma viagem astral desagradável, se conseguir inspirar profundamente e de maneira consciente, enchendo os pulmões com oxigênio, você consegue voltar ao seu corpo num instante. Com sua cor marrom-dourada, a astrofilita ajuda seu corpo astral a sair do corpo físico, bem como aterrissar com segurança na volta, se mantiver uma respiração consciente ao longo de toda experiência.

O plano astral é muitas vezes chamado de "mundo espiritual" ou "mundo dos mortos". É para onde a alma costuma ir quando o corpo físico morre. Habitando um corpo de energia mais sutil, a alma desencarnada pode ganhar uma perspectiva muito maior sobre as experiências de vidas passadas. A astrofilita pode ser colocada na parte de trás de cada joelho e nas mãos do corpo de um ente querido, antes do sepultamento, para ajudar a iluminar o caminho dele para o mundo espiritual, como se fazia nos enterros cerimoniais do Antigo Egito, quando objetos eram colocados junto ao corpo, para ajudar na vida após a morte. Nesse caso, a astrofilita também pode ser usada para ajudar a jornada da alma para o outro mundo.

**OBSIDIANA MARROM:** O marrom é uma das muitas cores da obsidiana. Ela se forma com a lava vulcânica. O material que uma vez foi a lava ardente e derretida do interior da Terra, que fluiu através de vulcões antigos como lava líquida, solidifica-se no que chamamos de obsidiana. Essa pedra é vítrea, afiada e resistente, e era usada pelos nossos ancestrais das cavernas para fazer ferramentas e armas de corte.

A obsidiana é o vidro da natureza. Transparente e brilhante, a variedade marrom pode ser encontrada no tom marrom-avermelhado que estimula os Olhos nos Joelhos. Como a obsidiana pode ser muito afiada, ela tem a capacidade de cortar tudo o que é velho, desgastado e inútil. Ela pode nos ajudar a romper velhos padrões de pensamento, sentimento e comportamento, mas isso para aqueles que estão realmente prontos para *cortar* qualquer resistência inconsciente e evoluir para novos padrões de ser.

A obsidiana marrom é para pessoas que sempre fizeram o que mandaram, nunca parando para ouvir a verdade sagrada da sua própria voz interior. Essa pedra é para aqueles que estão dispostos a se arriscar, mesmo que estejam presos a velhos hábitos há muito tempo.

Ela pode ser colocada nos Olhos nos Joelhos, no Terceiro Olho e nas palmas de cada mão, para ajudar a fortalecer o fogo telúrico interior e motivar ações positivas. Ela nos ajuda a entender quais providências precisam ser tomadas na prática, para animar nosso senso de propósito pessoal.

A obsidiana marrom-avermelhado pode ajudá-lo a transformar velhas formas de ser e de fazer as coisas. Quando usada em conjunto com outras pedras do Corpo Superior, ela ajuda você a descobrir qual é o seu chamado interior. A obsidiana marrom ajuda a remover os obstáculos que o impedem de avançar e se elevar na sua espiral evolutiva. Se a obsidiana marrom pudesse falar, ela diria "Vá em frente! E comece já! O que você está esperando?".

O **CITRINO MARROM**, na sua variedade castanho-escuro, é utilizada para os Olhos nos Joelhos. Aglomerados citrinos escuros são abundantes, mas as pessoas geralmente se sentem mais atraídas pela cor dourada mais clara.

Ele ajuda a energizar o corpo físico para se manifestar no aqui e agora, além de auxiliar você a brilhar e a superar estados letárgicos, que resultam na procrastinação. Quando você está constantemente adiando tudo para outra hora, nada é realizado. A energia que o citrino marrom irradia inspira movimento e ação. Mesmo algo simples, como se levantar do sofá ou regar o jardim, é um movimento que promove a vida e a natureza.

Mais importante, faz você se mover numa direção que cria uma ação positiva.

O citrino marrom ajuda os Olhos nos Joelhos a avançar rumo a situações e relacionamentos que promovem experiências estimulantes e animadoras. Esse citrino escuro literalmente ajuda você a mover seu corpo físico através do tempo e do espaço. Você pode carregar essa variedade de citrino no bolso, deixá-lo sobre a sua mesa de trabalho ou em qualquer lugar onde queira manter a energia criativa em movimento.

Se você tiver dificuldade para acordar ou se levantar pela manhã, deixe na cabeceira da cama aglomerados de citrinos marrons que caibam nas suas mãos. Pegue os citrinos logo ao acordar. Primeiro segure-os nas mãos. Em seguida, sente-se na cama com as pernas estendidas na sua frente e coloque o citrino sob cada joelho. Isso pode ser um pouco desconfortável, mas tudo bem. Inspire e expire profundamente a cor do citrino, enquanto visualiza os tons terrosos profundos se movendo pelos seus joelhos. Respire conscientemente desse modo durante três minutos para ativar o O/J. Depois, saia da cama e dê um passo totalmente consciente, o primeiro dos muitos que você dará durante o dia. Ao fazer isso, faça uma afirmação sobre o seu dia como "Vou ter um lindo dia!". Em seguida, inicie seu dia, deixando que o citrino marrom o ajude a manifestar seus objetivos escolhidos.

A **DRAVITA (TURMALINA MARROM)** é uma das muitas variedades de turmalina. Em geral, a turmalina tem a capacidade inata de aumentar ritmos vibratórios. A dravita é uma das formas menos comuns de turmalina e não é transparente como a variedade rosa, verde ou azul. Ela é mais densa e opaca e tem uma aparência sólida e forte.

A dravita é uma pedra que ajuda a aumentar a força pessoal. Segure-a enquanto estiver meditando para aumentar o poder de concentração da Mente Superior, o equilíbrio do Coração Superior e a presença do Físico Superior. Ela pode ser usada como joia ou levada no bolso, quando você estiver fora de casa. Também pode ser colocada nos Olhos nos Joelhos, para ajudar a motivar passos/ações conscientes.

A dravita pode ser usada para fortalecer conscientemente seu corpo físico. Se você está fazendo uma rotina de exercícios forte ou se precisa de motivação, coloque a dravita sob os joelhos antes de dormir. Leve a energia dessa pedra diretamente para os joelhos, durante a respiração, enquanto conscientemente reforça a força e resistência do seu corpo. Ela também pode ser usada após lesões no joelho, para ajudar a promover a cura energética.

Se você está tentando romper velhos padrões emocionais reativos, leve uma pedra de dravita com você, quando for enfrentar situações que geralmente desencadeiam respostas emocionais descontroladas. Antes da possibilidade de cair em armadilhas emocionais, use sua Mente Superior e seja claro sobre como você prefere responde a essas situações. Equilibre o seu Coração Superior e certifique-se de que suas polaridades masculina e feminina interiores estejam em sintonia. E prepare-se para reagir de uma maneira diferente.

Depois, segurando uma pedra de dravita na mão, encare a situação com uma nova disposição de espírito e saia do padrão antigo enquanto cria um resultado positivo para si mesmo. Você pode abandonar velhos comportamentos com os Olhos nos Joelhos abertos e a dravita na mão.

A **GRANADA MARROM** é uma das muitas variedades de granada, uma pedra que pode ser encontrada em cores e formas muito diferentes. A granada, uma espécie de mineral com composições químicas variadas, tem a habilidade inata de mudar, transfigurando-se de uma forma para outra. Essa capacidade de literalmente mudar de forma e ainda manter uma unidade primordial é uma das lições mais poderosas que a granada ensina.

A cor marrom-avermelhado dos O/J pode ser encontrada na almandina, na espessartita e na andradita, todas elas variedades de granada. Essas granadas do raio vermelho terroso ensinam você a aceitar as diferenças, mesmo que não esteja de acordo com elas. Leve a granada marrom no bolso quando for se encontrar com pessoas que pensam e sentem de um jeito muito diferente de você. Ela irá ajudá-lo a ser mais tolerante e também a se conectar com a mesmice que existe no mundo, mesmo que possa haver visões e opiniões divergentes. A granada marrom-avermelhado promove a unidade com as outras pessoas e ajuda a perceber a interconexão entre todas as coisas.

Essa pedra também o ajuda a reconhecer e aceitar o direito que as outras pessoas têm de ter suas opiniões pessoais, enquanto se ajusta ao ponto de vista delas, sem sentir a necessidade de concordar com o que dizem. Coloque as granadas marrons nos O/J enquanto estiver deitado de costas. Respire fundo, enviando o ar para os joelhos, durante onze minutos. Concentre-se na sua capacidade de mudar de posição, perspectiva, atitude e sentimento. As granadas vão ajudá-lo a praticar a arte da mutabilidade enquanto você enfrenta o seu dia, mudando conscientemente, à medida que demonstra mais tolerância e paciência com os outros.

A **ESFALERITA** é uma pedra dinâmica e uma das mais potentes para ativar o poder criativo dos O/J. Pode se formar com a galena, a fluorita e a calcita raio estelar. Na forma mineral, ela tem uma cor marrom-escura metálica, mas, observando mais de perto, é possível ver centelhas marrom-avermelhados brilhantes na superfície, quando ela reflete a luz. A esfalerita contém até dois por cento de ferro, o que ajuda a aterrar sua força criativa diretamente na sua vida. A gema de esfalerita é rara, impressionante e tem um preço alto. Como gema, essa pedra também atua com o Polo Masculino do Coração Superior.

Nos O/J, a esfalerita estimula a motivação e inspira a ação criativa. Ela também ativa a progressão espiritual e ajuda você a ter atitudes que estejam de acordo com o que você prega. Ao usar a esfalerita, esteja consciente de como você escolhe direcionar o aumento de energia que essa pedra lhe propiciará. Se quiser, você pode fazer uma meditação de onze minutos com a esfalerita sobre os joelhos e nas mãos, antes de iniciar um projeto.

Essa pedra é extremamente benéfica para pessoas criativas que querem criar novas formas, sejam artísticas ou intelectuais. Essa pedra irá inspirá-lo a encontrar ideias artísticas e intelectuais ainda desconhecidas.

Ao trabalhar com a esfalerita, é importante ter a Mente Superior, o Coração Superior e o Físico Superior alinhados com Olhos nos Joelhos. Somos responsáveis pelo que criamos. O impulso criativo dessa pedra, em sintonia com os Corpos Superiores, estimula novos caminhos de criação inspirada e abre os canais para o pensamento original.

A **ESTAUROLITA** se forma em grupos únicos, geminados ou em aglomerados de vários cristais. Para nossos propósitos, basta usar algumas pedras, intercaladas em ângulos de 60 graus, para criar uma figura em forma de cruz (geminada). Essa pedra recebeu apelidos ao longo dos anos, sendo um deles "cruz de fadas", pois dizem que ela dá sorte. Outro apelido é "lágrima de anjo", devido à lenda de que os anjos que choraram na crucificação de Jesus derramaram lágrimas que se tornaram cruzes ao atingir o solo. A estaurolita, que se apresenta num tom profundo de marrom com matizes vermelhos, é geralmente opaca e não transparente. Às vezes, pequenos cristais de granada vermelha crescem na estaurolita, tornando essas valiosas pedras ainda mais poderosas para se usar nos Olhos dos Joelhos.

Há momentos em que você precisa tomar decisões importantes sobre o rumo que dará à sua vida. Talvez você saia do seu emprego, mude de endereço, termine ou comece um relacionamento, tenha um filho ou faça importantes mudanças no seu estilo de vida. Se estiver refletindo sobre questões como essas e fazendo escolhas conscientes, a estaurolita pode ser seu melhor amigo.

Essa pedra geminada, que se forma a partir de dois cristais separados que se juntam e dão origem a um ponto central, tem o desenho geométrico perfeito para propiciar uma tomada de decisão clara e consciente. A estaurolita irá ajudá-lo a ficar centrado, enquanto você olha para cada ângulo da situação e pesa suas opções. Ela pode ser colocada sob os joelhos, com as duas pernas estendidas, enquanto faz uma lista dos prós e contras de cada escolha potencial. Você pode segurar a estaurolita na mão durante a meditação ou pode levá-la com você aonde for, para ajudá-lo a se manter mais centrado e lúcido no momento de fazer suas escolhas diárias ou mais importantes, que lhe ajudem a seguir na melhor direção possível ao longo da vida.

Capítulo 7

# OLHOS NOS PÉS

Um dos desenvolvimentos mais monumentais da evolução do ser humano foi a capacidade de ficar ereto sobre os dois pés. Não existe um consenso entre os antropólogos sobre a razão que inspirou os homens e mulheres antigos a fazer isso. Acredita-se que o início desse processo tenha começado mais de três milhões anos atrás, quando o primeiro homem/mulher teve que deixar o topo das árvores mais altas para encontrar comida na savana africana.

    A passagem da relativa segurança das árvores para o risco de caçar e coletar em campo aberto foi revolucionária. O processo paulatino de tornar-se bípede, ocorrido ao longo de milhões de anos, significou que o corpo físico teve que mudar e evoluir também. Patas traseiras mais fortes se desenvolveram para se locomover no chão. Conforme a coluna vertebral começou a se endireitar, o peso do tronco aos poucos se estabilizou sobre os quadris e as pernas, criando um novo ponto de equilíbrio sob a caixa torácica e sobre os pés. Por fim, em vez de andar sobre todos os quatro apêndices e com o rosto voltado para o chão, o foco se voltou para frente e para cima, e surgiu uma visão maior do mundo.

Com a capacidade de ficar em pé e de andar e correr ereto, os braços e as mãos também se desenvolveram e amadureceram. Os dedos evoluíram e se tornaram extensões táteis altamente sensíveis para experimentar o mundo de uma maneira totalmente nova. Com o polegar contra o dedo indicador, tornou-se possível usar as mãos para fazer ferramentas, caçar, coletar e sobreviver. O bipedismo (andar sobre duas pernas) e o trabalho com as mãos proporcionaram uma nova percepção sensorial radical, que é uma característica rara que define os seres humanos e levou ao mundo tecnológico em que vivemos hoje.

O andar ereto permitiu que os chakras (órgãos espirituais do corpo) se desenvolvessem. À medida que o corpo humano e o crânio gradualmente foram mudando, a luz do sol começou a brilhar mais diretamente sobre o topo da cabeça e nas partes anterior e posterior do corpo. Em vez do tronco voltado para o chão, como acontece com os quadrúpedes, os seres humanos começaram a receber mais luz solar em seus centros do plexo nervoso, o que acabou por dar origem aos chakras. Esse aumento na radiação solar permitiu que a consciência do ser humano se desenvolvesse de maneiras que não aconteceram com os outros animais.

Com os pés, nós fazemos contato direto com o solo. Eles são os alicerces para a base de operação da nossa vida. Por milhões de anos, a raça humana tem andado neste planeta e desenvolvido fortes conexões com a Terra através de nossos pés. Eles conhecem instintivamente a linguagem sutil da terra.

"Olhos nos Pés" (O/P) é o nome do próximo e último Corpo Superior. Ele trabalha em harmonia com a Mente Superior, o Coração Superior, o Físico Superior e os Olhos nos Joelhos. Os Olhos nos Pés conectam os nossos sentidos superiores com a terra, permitindo que possamos viver nosso maior potencial como um Ser Humano Superior. Quando O/P são ativados, reconhecemos a cada passo que cada um de nós é único e uma parte consciente da criação universal.

Você alguma vez de fato já viveu *com os pés no chão*? Metaforicamente, essa expressão geralmente significa viver sem ilusões, viver a vida como ela é, de acordo com a realidade. Porém, neste livro estou falando de colocar de fato os pés no chão a ponto de fazer o solo vibrar. Afundar os pés no chão com força é um exemplo perfeito de como seu Corpo Físico Superior (clareza de intenção e vontade) trabalha com os Olhos nos Joelhos (a direção escolhida) e com os Olhos nos Pés (resolução da questão). A capacidade de colocar os pés no chão com firmeza e empreender a ação correta é tarefa dos Olhos nos Pés.

## Sentindo através dos Pés

Os elefantes andaram pela terra em paz, com dignidade e graça excepcional, por milhões de anos. Esses animais têm uma relação fenomenal com o solo em que pisam. O solo os protege. É um fato bem conhecido que, quando um catastrófico *tsunami* atingiu a Ásia em dezembro de 2004, os elefantes treinados da Tailândia ficaram extremamente agitados e fugiram para terrenos mais altos antes que o fenômeno atingisse as praias. Eles se salvaram e também salvaram os turistas que passeavam em suas costas. Como sabiam do *tsunami*? Os sinais estavam embaixo dos seus pés.

Os elefantes têm pés extremamente especializados e adaptados para suportar seu grande peso. Eles se apoiam nos dedos dos pés, dispostos em semicírculo, em torno de uma almofada esponjosa. Essas almofadas amortecem seus passos, permitindo que eles andem muito silenciosamente, abafando a maioria dos ruídos. Caminhando com leveza apesar das suas duas toneladas, os elefantes quase não deixam pegadas.

Quando batem seus pés enormes no chão, ondas sonoras de baixa frequência são geradas no solo e se propagam por muitos quilômetros ao longo da superfície da terra. Com nervos sensíveis nos pés, os elefantes sentem vibrações acústicas distantes, que são transmitidas através da terra. Terremotos e *tsunamis* também criam ondas sonoras de baixa frequência. Os elefantes da Tailândia sentiram o terremoto com os receptores sísmicos dos seus pés e souberam que um *tsunami* estava a caminho, por isso procuraram terrenos mais altos.

Os elefantes se comunicam vocalmente com sons baixos, nasais e primitivos, que também percorrem longas distâncias.

Essas frequências sonoras são muito baixas para serem ouvidas pela maioria dos seres humanos. Os elefantes são dotados de mapas mentais das vastas áreas de terra. Quando pisam no chão e produzem sons, suas poderosas mensagens infrassônicas podem atrair companheiros distantes, comunicar perigos e conversar com outros elefantes através de longas distâncias. Acredita-se que os elefantes possam até discernir de que elefante(s) específico(s) estão recebendo as mensagens. Esses animais adquiriram, no processo evolutivo, uma percepção extrassensorial na sola dos pés e conhecem as vibrações naturais da terra.

Altamente inteligentes, matriarcais e emocionalmente ligados entre si, os elefantes criam fortes relacionamentos familiares. Sentindo as forças subterrâneas na terra, eles podem sentir a pressão oculta da água num leito seco de um rio ou num poço de água no deserto. Eles balançam seus troncos quando estão felizes e são telepáticos e coletivamente intuitivos de maneiras que não compreendemos. Esses animais nos ensinam a sentir o pulsar da terra e nosso lugar sobre ela.

## A Ativação dos Olhos nos Pés

Temos andado de pé desde que aprendemos a caminhar. Nossos pés pousam no chão, de tempos em tempos, levando-nos para onde quer que nos encontremos, em qualquer dado momento. Com passos leves ou pesados, nós basicamente nos movemos com os pés desde que nascemos, exceto pelo breve período em que fomos carregados, antes de aprender a engatinhar.

Com os Olhos nos Pés receptivos, você pode receber energia diretamente do chão, para guiar sua evolução. Grande força e equilíbrio ocorrem quando você se ergue sobre a terra e reivindica seu lugar. É estimulante sentir o espírito deste planeta com os pés e dar e receber diretamente da terra. O trabalho com as pedras que estimula os Olhos nos Pés é uma maneira maravilhosa de criar um relacionamento pessoal com este planeta, que nos apoia e provê nossa subsistência.

A melhor maneira de ativar os Olhos nos Pés é andar descalço no chão e sentir sua conexão direta com a Terra por meio dos pés. Faça contato direto com a terra se estiver com os pés na terra, nas rochas, na grama ou na areia. Traga sua atenção para baixo, até a sola dos pés, e mantenha o foco. Abra seus sentidos intuitivos nos Olhos dos Pés e sinta sua própria Estrela da Terra. Visualize-se soltando conscientemente uma âncora na direção do centro da Terra. Alinhe os Olhos nos Pés com o núcleo hexagonal e sinta o pulsar da força vital do planeta do qual você é uma parte vital. Estabeleça a sua conexão pessoal do centro da Terra até os Olhos nos Pés. Sinta a Terra como um todo, como uma entidade individual em seu próprio processo evolutivo, e veja-se de pé sobre ela enquanto vocês trabalham harmoniosamente juntos.

Muitas culturas têm utilizado as vibrações geradas pelos pés, ao pisar na terra. Os passos de dança sagrados dos índios norte-americanos sobre a terra têm diferentes intenções, como fazer chover, prover a caça e vencer guerras. Colocando um ouvido no chão, eles podem ouvir as vibrações de cavalos e inimigos em potencial se aproximando.

Tribos africanas dançam para comunicar seus sentimentos, sejam eles de alegria ou de tristeza. Seus membros dançam para expressar a vida em todas as suas fases: nascimento, puberdade, casamento e morte. Eles também dançam para se centrarem no espírito divino. A dança africana é uma forma de oração feita ao ritmo de um tambor. Os movimentos de dança estão intimamente ligados a batidas e ritmos específicos do tambor. Abrindo os ouvidos para a vibração do tambor e dançando em perfeita harmonia no chão, os povos africanos vibram com a terra com intenção consciente há milhares de anos. Assim como os índios norte-americanos, seus passos de dança na terra têm um significado, e essas vibrações têm um efeito.

As vibrações da Terra são mensagens para os Olhos nos Pés. Quando esses olhos antes sonolentos se abrem, nossos pés se tornam mais receptivos às energias de dentro da terra e na sua superfície. A concentração consciente nos pés permite que energias de frequência mais alta se ancorem em nossos Corpos Superiores. Nossos pés nos prendem à terra e a maneira como andamos diz muito sobre nós.

No dia a dia, você anda pisando forte, golpeando a terra? Ou você anda com leveza ou na ponta dos pés, de modo que mal é notado? Um pé sempre dá o primeiro passo? Seus passos são equilibrados? Você apoia o peso do seu corpo mais num pé do que no outro? Você pisa sobre os dedos dos pés ou costuma pisar nos dedos dos pés das outras pessoas? Você precisa estar atento a tudo isso quando for ativar seus Olhos nos Pés. Quando dá um passo, você literalmente produz vibrações com os pés. Qual é a natureza dessas vibrações? Você está feliz por estar andando sobre a terra? Que energia você está colocando na terra cada vez que dá um passo? Se quer ativar seus Olhos nos Pés, essa é uma das coisas mais importantes para você notar. Procure começar cada dia com consciência e gratidão pelos seus pés. Escolha caminhar ao longo do dia com consciência, intenção e propósito. Repare em cada passo que você dá enquanto caminha sobre a terra. Faça a terra vibrar com amor em seus pés. A terra retribuirá.

Aprenda a ouvir, a sentir, a ver com os O/P. Estimule os milhares de terminações nervosas da sola dos pés, massageando-os. Cuide dos seus pés. Dance descalço e coloque sua vibração na terra. Envie pensamentos através dos seus pés ao ser recebido por outra pessoa num lugar diferente. Celebre a vida e experimente irradiar alegria ao transmitir vibrações diretamente para o chão. Caminhe com consciência, para que seus passos toquem a terra vibrando completude, unidade e equilíbrio.

## O Caminhar nas Estrelas

Ativar os Olhos nos Pés significa expandir nosso senso de "eu" para incluir todo o universo. Precisamos nos libertar da ideia limitada de nos identificarmos unicamente com nosso gênero, família, clã, nacionalidade e raça. Em vez disso, devemos nos ver como parte de um todo muito maior, uma parte integrante do nosso Sistema Solar, da nossa galáxia espiral da Via Láctea e um universo infinito que se autoperpetua.

Você sabia que tudo em nosso mundo, inclusive o ser humano, é feito de poeira das estrelas? Quando grandes estrelas morrem, elas geralmente se tornam supernovas ou explodem. O que resta são nebulosas, ou detritos gasosos ricos em elementos pesados. Essa é a poeira das estrelas. Nosso Sistema Solar, e tudo o que existe nele, foi criado quando uma enorme estrela se extinguiu há cerca de cinco bilhões de anos. Em seus estertores de morte, ela expeliu uma enorme nuvem de poeira estelar que acabou se tornando tudo o que existe em nosso Sistema Solar conhecido. É da natureza das estrelas reciclar sua energia em novas criações. Nós viemos das estrelas e somos feitos de poeira estelar, a base da nossa biologia. Dentro do nosso próprio ser, conhecemos a natureza das estrelas, a capacidade de gerar luz.

Os Olhos nos Pés integram a realidade do plano terrestre com a consciência de que estamos intimamente ligados a toda a criação. Incluindo conscientemente a nós mesmos, bem como a tudo e a todos, podemos reivindicar nossa herança como parte do espírito universal. Os Olhos nos pés podem sentir essa força criativa universal atuando em todos os lugares. Caminhando sobre a essência das estrelas, nossos pés são capazes de ativar códigos planetários de luz que contribuirão com a evolução da consciência do planeta.

Expanda seu senso de *ser parte de tudo* vivenciando os elementos naturais tanto quanto possível. Assista ao nascer do sol, ao pôr do sol, ao nascer da lua, ao pôr da lua e ao céu diurno e noturno. Fique atento ao movimento constante do sol, da lua, dos planetas e das estrelas. Esteja ciente de que você está intimamente ligado ao universo, não separado dele, como afirmam alguns sistemas religiosos. Incorporando a sabedoria das estrelas, caminhe com a consciência de que você é uma criação preciosa do universo. E como uma estrela, você é capaz de gerar uma enorme quantidade de luz.

## Faça o que Diz

Quando os Olhos nos Pés são ativados, você passa a compreender as coisas de uma perspectiva da Mente Superior, passa a entender o seu lugar no fluxo das encarnações humanas e o significado desta vida na evolução geral da sua alma. Ao acessar essa consciência e reconhecer os padrões da sua alma, você pode neutralizar hábitos destrutivos, libertar-se do passado e conscientemente reajustar o foco e o curso do seu futuro pessoal.

Com os Olhos nos Pés ativados, você pode andar nesta terra com a plena consciência de seu lugar no destino da humanidade e na sua evolução como raça. Enquanto caminha com sua visão intuitiva nos pés, você literalmente entra em cada momento com a consciência no nível da alma. Pisando com leveza, mas com firmeza sobre a superfície do planeta, os Olhos nos Pés ancoram a sua capacidade de seguir em frente e para cima na vida, com uma visão clara de quem você é, como ser espiritual, de onde você veio e para onde está indo. A ideia é percorrer o seu passado, reconhecendo e aceitando os muitos caminhos diferentes que sua alma percorreu. Depois estude conscientemente sua encarnação atual e passe a entender onde ela está levando você. Você está onde sua alma quer que você esteja? Mantendo-se conscientemente no momento presente, com os Olhos nos Pés bem abertos, você pode ver o seu papel dentro do espectro mais amplo da humanidade e conhecer o propósito da sua alma.

Ter os Olhos nos Pés ativos significa ter uma encarnação consciente. Caminhar com o espírito no plano terrestre, servir ao tempo, ao espaço, à humanidade e à Terra, dando cada passo com coragem e sem se desviar do seu caminho, aconteça o que acontecer. Recebendo cada momento com uma percepção consciente, você está preparado para aceitar a responsabilidade por suas escolhas e o karma pessoal que resulta dessas escolhas. Quando você percebe a sua própria linha do tempo de uma perspectiva mais elevada, é mais fácil aprender as lições da vida, descobrir o que você ainda precisa aprender e seguir seu destino mais elevado.

Quando você se torna consciente do seu lugar em seu próprio ciclo evolutivo, sabendo onde a sua alma quer ir, os seus Olhos nos Pés o levam até lá. Quando você ancora totalmente a força do seu espírito no plano físico e aceita completamente que você é uma alma num corpo físico, os seus O/P conectam você com a essência da terra enquanto mantém uma consciência universal.

Quanto mais você utiliza os O/P, mais rápido você assimila níveis mais elevados de energia espiritual, porque você está ancorado. Quando você está ancorado nos Olhos nos Pés, a energia espiritual se fortalece e se expande nos seus Corpos Superiores. Sem esse ancoramento, essa energia se dispersa. Seus pés e sua visão podem não estar conectados, e você pode não estar trilhando o verdadeiro caminho da sua alma. O Ser Humano Superior caminha com estilo, incorporando frequências espirituais mais elevadas às questões mundanas, transmitindo e recebendo energias da Terra pelos Olhos nos Pés.

No Budismo, Tara Branca é uma bodhisattva feminina, um ser iluminado. Ela foi criada quando uma lágrima caiu de Avalokitesvara, o Deus da Compaixão. Ela tem sete olhos, dois em seu rosto para enxergar, um terceiro olho no centro da testa, um olho em cada mão e um olho em cada pé. Os olhos de Tara Branca veem o sofrimento de todos os seres com compaixão. Por ser a Deusa da Compaixão, ela protege todas as almas enquanto elas cruzam este oceano da existência. Como Tara Branca, nós podemos caminhar com compaixão e transmitir energia de cura a cada passo, quando tempos os olhos bem abertos nas solas dos pés. Ao caminhar com os Olhos nos Pés abertos, nós também podemos ver a dor do outro, sem nos tornamos parte dela, e tomar providências para preveni-la ou aliviá-la.

# Raios Coloridos, Pedras e Pontos de Disposição

As cores dos Olhos nos Pés são separadas, mas também são combinações complementares de preto e branco, o alfa e o ômega, a bela mistura de opostos que se complementam. As pedras dos Olhos nos Pés brilham como o céu estrelado numa noite escura de lua nova. Todo o potencial é combinado, tanto claro quanto escuro, criando um arco-íris de expansão da totalidade.

Os pontos de disposição das pedras dos O/P são a parte central da sola de cada um dos pés, bem sobre o arco. Uma leve meia de algodão pode ser usada, para manter essas pedras no lugar. Ao trabalhar com os O/P, certifique-se de colocar uma pedra na Estrela da Terra para ajudar na ancoragem.

A **ESPECULARITA** é uma variedade de hematita chamada de "hematita especular". Sua cor metálica brilha contra um fundo cinza ou preto, que contém cristais de quartzo prismáticos que brilham devido à sua superfície altamente refletora.

Através do brilho resplandecente da especularita, a energia lunar feminina se infiltra no aspecto masculino do eu, ajudando a nutrir e energizar o eu feminino. Isso, por sua vez, pode equilibrar o Coração Superior. Usar a especularita é como descer por um cordão de prata, reencarnando simbolicamente no Olhos nos Pés, e renascer conscientemente para uma nova vida na Terra, com maior força espiritual e equilíbrio.

Há momentos em que é necessário dizer "NÃO" e rejeitar hábitos, comportamentos e pessoas destrutivas, que vivem nos colocando para baixo. A epecularita gera energia nos Olhos dos Pés, para ajudá-lo a fortalecer e se libertar do que quer que esteja impedindo-o de progredir. Com sua natureza dinâmica e cintilante, a epecularita brilha no núcleo de velhos padrões que o impedem de seguir em frente. Quando sua intuição (o *na'au*) assim disser, afaste-se de pessoas e situações que não apoiem o seu crescimento. Leve a epecularita com você para iluminar seus passos, enquanto você se despede de comportamentos e ambientes destrutivos, que não servem mais ao seu propósito maior.

A **HEMATITA ARCO-ÍRIS** é outra bela variedade de hematita. Até o momento, só se sabe de uma mina no mundo, no Brasil, onde se pode encontrar a hematita arco-íris. Esse mineral raro é iridescente e brilha quando a luz reflete na miríade de faces cristalinas microscópicas da hematita. Em vez de ser dura e reflexiva como a hematita mais comum, ou brilhar como a epecularita, a hematita arco-íris é macia e parece estriada com tons de raios multicoloridos espalhados por toda a pedra. Quando comparada à hematita comum, a impressão é a de que a realidade física assumiu uma expressão mais leve, suave e bonita nessa pedra. A hematita arco-íris diria: "Alinhe--se e integre-se com seus Corpos Superiores e veja com a vida pode ser extraordinária!".

A hematita arco-íris se manifesta nas cores dos Corpos Superiores magenta e verde-limão, bem como em outras cores incríveis raramente vistas. Uma cor se mistura e se integra a outra, criando um ambiente cheio de luz e energia de felicidade e alegria. Com todo o seu espectro de cores, essa hematita perde a dureza férrea da hematita comum e torna-se mais leve, mais iluminada e mais poderosa com sua magia do arco-íris. Ela é muito macia, pode se quebrar facilmente, e sua cor pode desbotar se deixada em ambientes úmidos por muito tempo.

A hematita arco-íris faz a energia circular no corpo, nos chakras e na aura. Ela vibra nas frequências dos Corpos Superiores através de um circuito sutil e ancora esses corpos nos Olhos nos Pés. Isso ajuda a ancorar o espírito na essência da Terra com alegria e leveza. A hematita arco-íris transmite a energia do prazer absoluto em estar vivo.

O **QUARTZO TURMALINADO** é a turmalina preta embutida dentro do quartzo transparente. Essa pedra representa perfeitamente os aspectos complementares de luz e escuridão, o alfa e o ômega. A turmalina preta é uma pedra que ancora a energia e protege os corpos de luz, conforme eles evoluem para a manifestação. A clara luz branca do quartzo ilumina e energiza os Olhos nos Pés para que eles avancem com uma aura de orientação e proteção. Tanto o quartzo quanto a turmalina preta são pedras distintas, que estão em diferentes extremidades do espectro, cada uma mantendo sua própria integridade enquanto se manifesta em combinação com a outra. O quartzo turmalinado traz uma sensação de equilíbrio pessoal, à medida que os Olhos nos Pés são guiados para um futuro novo e melhor.

A **PEDRA NEBULOSA** só foi descoberta pouco tempo atrás, no México. Na verdade, ela parece uma nebulosa no céu noturno visto pelo telescópio. Tem um fundo verde-escuro, quase preto, com órbitas verde-claras espalhadas por todo a matriz escura e brilhante. Não é difícil imaginar enormes espaços cósmicos ao se ver essa pedra.

A pedra nebulosa é uma rocha vulcânica alcalina, composta por quartzo, anortoclásio, riebeckita e egirina (todos eles minerais incomuns). As órbitas verde-claras mostram numerosos prismas de quartzo na matriz. A pedra da nebulosa foi um dia fundida e semelhante a vidro, mas depois se resfriou muito lentamente, permitindo que diferentes minerais dentro dela se resfriassem e cristalizar em ritmos diferentes. Assim como no espaço cósmico, quando diferentes elementos se resfriam e formam a matéria em ritmos diferentes, o mesmo acontece com a pedra nebulosa. É como se a criação galáctica tivesse se manifestado.

A pedra nebulosa serve para acessar lugares muito profundos na natureza criativa de um indivíduo. Existe uma energia ativa de regeneração embutida na natureza dessa pedra. Assim como a cobra, um antigo símbolo da Deusa, é capaz de trocar de pele e literalmente deixar para trás o que está velho e não serve mais, a pedra nebulosa ativa o potencial de liberar qualquer coisa que não sirva aos propósitos dos Corpos Superiores.

A pedra nebulosa pode conduzi-lo poderosamente a um lugar de puro potencial criativo, depois que a pele velha for abandonada e o desapego consciente ter ocorrido. Esse espaço criativo primordial é como a própria nebulosa. Tendo vivido e morrido como estrelas, as nebulosas estão em processo de se tornarem novas estrelas, novas sistemas estelares e uma nova vida. A pedra nebulosa inspira o conhecimento de que o fim é o começo e o começo é o fim. Ela ajuda indivíduos que estão em processo de transmutação em seu modo de ser. A pedra nebulosa propicia transições suaves, em todas as principais passagens da vida.

Os **ELESTIAIS** são cristais mestres que nos ajudam a conquistar autodomínio. Eles são cristais de quartzo especializados, substâncias puras influenciadas pela presença angelical. Os elestiais estão alinhados com os elementos e refletem o fogo com sua aparência chamuscada, sendo, em geral, enfumaçados. Crescem perto ou ao redor da água, nascem da terra e do ar é têm uma conexão etérica com o reino dos anjos.

Os cristais elestiais terminam naturalmente sobre o corpo do cristal e não têm faces quebradas ou sem brilho. Eles são gravados e têm camadas com marcações e podem ou não ter terminações em pontas. Ao olhar dentro dos elestials, você pode ver camadas profundas de uma dimensão interior. Se olhar dentro dele, um cristal elestial pode levá-lo mais fundo em seu próprio núcleo espiritual. Você fica com a sensação de água corrente ao trabalhar com ele, de movimento, fluxo e progresso.

Os elestiais têm a capacidade de movimentar a energia e nos conduzem à realidade central das questões, à verdade absoluta.

Ao aprender a andar com os Olhos nos Pés, é importante que sejamos claros sobre nossa própria verdade pessoal. Percepções obsoletas de nós mesmos, dos outros e do mundo em geral precisam ser reconhecidas e transmutadas.

As características esfumaçadas dos elestiais representam o fogo celestial queimando padrões kármicos. A forte presença angelical infunde os cristais elestiais com grande poder e por isso é possível iniciar uma limpeza espiritual com eles. Se você sente que precisa passar por uma purificação para andar com força e equilíbrio e com os Olhos nos Pés abertos, os elestiais são para você.

Como esses cristais estão relacionados com os elementos da Terra, eles ajudam você a caminhar sobre a terra. Se precisa de ajuda para abrir os Olhos no Pés, medite com os elestiais. Sente-se com as pernas bem abertas e os joelhos dobrados, e gentilmente coloque um cristal elestial na sola de cada pé. Segure outro elestial na mão e contemple as profundezas da pedra. Trabalhando com a Mente Superior, siga sua respiração enquanto olha as camadas internas do cristal. Deixe que a transmissão do elestial penetre profundamente nos seus pés, enquanto você o contempla. Reafirme a sua intenção de se tornar mais consciente a cada passo, à medida que você descobre sua própria profundidade interior.

Essa meditação de quinze minutos pode ser praticada uma vez por dia, para ajudá-lo a reconhecer suas verdades pessoais e dar passos conscientes nos momentos mais oportunos.

# OBSIDIANA

## Obsidiana preta com reflexos dourados e prateados

A obsidiana, um vidro vulcânico, pode ser encontrada numa grande variedade de cores, mas a mais comum é a preta. Essa pedra é criada quando os vulcões entram em erupção, fazendo com que o magma (lava) suba acima da superfície da Terra. Quando a lava entra em contato com a água, ela resfria rapidamente e produz a obsidiana, que contém principalmente dióxido de silício, o mesmo composto químico do quartzo.

A obsidiana pura geralmente é preta. Às vezes, há padrões de bolhas de gás, que se alinham ao longo de camadas criadas quando a lava estava fluindo antes de esfriar. Essas bolhas dão origem a reflexos dourados ou prateados e a arco-íris na obsidiana preta. Essas são as pedras que queremos usar nos Olhos nos Pés: o preto puro com prata, ouro ou brilhos coloridos, infundidos por toda parte.

A obsidiana com reflexos prateados e dourados pode ser usada em conjunto com os aspectos masculino e feminino do Coração Superior. O prateado representa o feminino e o dourado, o masculino. Use essas pedras se você sentir que o seu aspecto masculino interior ou seu aspecto feminino interior estão enfraquecidos. Se o aspecto masculino precisar de fortalecimento, use a obsidiana com reflexos dourados. Para o aspecto feminino, use a obsidiana com reflexos prateados. Se, ao andar, você perceber que um pé se movimenta com mais força do que o outro, isso pode ser sinal de que existe um desequilíbrio nos aspectos masculino/feminino do Coração Superior. De modo geral, o excesso de energia na perna direita indica um masculino dominante e o excesso de energia na perna esquerda significa um feminino dominante.

Pedras achatadas de obsidianas com reflexos dourados e prateados podem ser colocadas dentro das meias, para lhe dar mais apoio ao longo do dia. Se você precisar se manter mais tranquilo, centrado e paciente, use a obsidiana com reflexos prateados. Se você quer acelerar o ritmo dos seus passos (no sentido figurado) e se mover com mais confiança e desenvoltura, opte pela obsidiana com reflexos dourados.

## Obsidiana arco-íris

A obsidiana arco-íris exibe cores vibrantes e profundas de roxo, cinza, verde e dourado, contra um fundo preto. Formada quando a lava dos vulcões se resfria em rios ou outros corpos d'água, a essência da obsidiana arco-íris conhece tanto o interior ardente do planeta quanto a natureza da água fria. Com essa qualidade complementar de yin e yang, ela pode nos ajudar a caminhar de modo mais centrado, quando confrontamos com emoções ardentes como a raiva, a fúria, o ciúme e o terror. As cores do arco-íris mostram quantos caminhos diferentes podemos seguir e que não são o da agressividade.

Quando colocada nos Olhos nos Pés, ela pode resfriar o nosso fogo interior, que se alastra quando sentimentos ternos são reprimidos por atitudes e ações agressivas. É a pedra mais indicada quando um soldado volta para casa da guerra, depois de ser programado para matar e obrigado a deixar de lado a compaixão e os assuntos do coração para cumprir seus deveres para com seu país. A obsidiana arco-íris pode nos ajudar a encontrar luz e paz nos lugares mais sombrios, quando temos de percorrer um caminho árduo. Ela nos ajuda a caminhar sem medo enquanto revisitamos conscientemente lembranças do passado e a neutralizar seus efeitos adversos. Essa pedra também serve como um anjo da guarda, iluminando a luz do eu consciente na escuridão.

Pessoas que estão sofrendo de transtorno do estresse pós--traumático, podem usar uma obsidiana arco-íris dentro da meia ou do sapato, caso a pedra seja mais achatada. A obsidiana arco-íris também nos ajuda a manter a serenidade em circunstâncias extremamente estressantes. Integrando belas cores com um pano de fundo preto, a obsidiana arco-íris demonstra que sempre há um caminho que pode nos afastar das dores do passado e nos levar a um futuro melhor.

O **QUARTZO ENFUMAÇADO RUTILADO** é uma combinação de dois minerais diferentes: o quartzo enfumaçado e o rutilo. O quartzo é dióxido de silício e o rutilo é dióxido de titânio. Essas duas variedades de dióxido são encontradas juntas, com inclusões sólidas de rutilo encapsuladas em quartzos esfumaçados transparentes. As longas e finas agulhas de rutilo crescem primeiro e acabam completamente envolvidas pelo quartzo enfumaçado.

As agulhas de rutilo atravessam o interior do quartzo, fazendo com que ele pareça preenchido com fibras de ouro. Quando ele é deixado à luz do sol, cada uma dessas agulhas irradia seu brilho único. O quartzo enfumaçado rutilado nos mostra um mundo dentro de outro mundo, cada um deles único e completo em si mesmo. Filetes de luz vermelha e dourada, dentro do quartzo esfumaçado, inspiram os Olhos nos Pés a caminhar com responsabilidade e aceitar os desafios que a vida propõe. O quartzo enfumaçado rutilado ajuda os O/P a saber como fazer a nossa própria luz brilhar enquanto tratamos das questões do dia a dia. Quando agulhas de rutilo estão presentes dentro do quartzo, elas podem fazer com que as situações difíceis se esclareçam e possam ser resolvidas de maneiras novas e criativas. Capaz de conduzir o "eu" consciente para os pés, esta combinação de pedras gera luz suficiente para iluminar o seu caminho.

O quartzo esfumaçado rutilado ativa os Olhos nos Pés. Em geral, acredita-se que o quartzo esfumaçado tenha a capacidade de levar luz para o chakra da Base, estimulando na pessoa um sentimento de orgulho por caminhar sobre a terra e estar num corpo físico. Quando o rutilo está presente, a energia do quartzo enfumaçado é ampliada e essa pedra irradia um brilho ainda maior.

Coloque pedras de quartzo enfumaçado rutilado diretamente sobre os Olhos dos Pés. Pode-se usar meias para mantê-las no lugar ou até mesmo fixá-las com fita adesiva nas solas dos pés enquanto você realiza as tarefas do dia. O quartzo enfumaçado rutilado aumenta a energia de motivação, entusiasmo, criatividade e ação positiva. Transmite leveza e alegria no plano terreno, por meio das nossas ações. Espalhando luz na escuridão, o quartzo enfumaçado rutilado brilha e reanima nossos passos com seu potencial.

A **LABRADORITA** faz parte da família dos minerais feldspáticos, que inclui a pedra do Sol, a amazonita e a pedra da Lua. A variedade da Finlândia foi chamada de espectrolita e está entre os melhores espécimes já encontrados. A labradorita é uma pedra cinza-escura a grafite, com brilhantes jogos de cores em tons metálicos e tons sobrenaturais de verde, azul, dourado e magenta.

Durante o crescimento evolutivo da labradorita, o movimento da Terra mudou a orientação dessa pedra, criando planos visíveis que aparecem como estrias na sua superfície. Essa mudança foi o que ocasionou os raios de luz brilhantes dessa pedra. A labradorita é um mineral que sabe como continuar crescendo mesmo diante de mudanças que estão além do seu controle. Essa pedra pode nos ensinar a fazer o mesmo. As raias inconstantes de cores sobrenaturais podem nos ajudar a mudar nossa percepção e potencialmente alterar a direção em que estamos seguindo. A labradorita ajuda a estimular mudanças nas transições de vida que cruzam nosso caminho.

A natureza mutável transcendental da labradorita nos ajuda a aprender a reconhecer as partes boas da vida e a desenvolver uma gratidão mais profunda. Essa pedra nos ajuda a nos desviarmos das velhas rotas que percorremos e facilita a aprendizagem das grandes lições da vida, entre elas que tudo está sempre num constante estado de fluxo. A mudança é a própria natureza da vida. Se não houvesse mudança, não haveria vida e não haveria certamente nenhuma labradorita.

Essa pedra ajuda a mudar as percepções no nível das escolhas mais profundas, que têm potencial para alterar a jornada da nossa vida de forma positiva. A labradorita nos ajuda a interpretar e direcionar a nossa vida da maneira mais elevada possível. A energia dela pode ser transmitida diretamente para os nossos Olhos nos Pés. Trata-se da melhor pedra para usarmos (dentro das meias) para nos sentirmos protegidos em ambientes contaminados, sejam as toxinas físicas ou decorrentes de descarga emocional ou do fanatismo mental. Essa pedra irá ajudá-lo a manter a identidade do seu Corpo Superior quando o mundo endurecer ao seu redor.

O **OLHO DE FALCÃO** é um quartzo de tom azul-acinzentado, azul-esverdeado e dourado, contrastando com um fundo preto. Essas pedras são fascinantes à luz do sol, pois vemos as cores sedosas se alternarem.

O olho de falcão pode ser usado nos Olhos dos Pés, para ajudá-lo a ganhar uma orientação clara sobre questões ou situações difíceis. Quando colocado sobre as solas dos pés, usado como joia ou como pedra de meditação, o olho de falcão pode ajudar a trazer paz e cura para as realidades físicas. Ele irradia um raio de cura pacífico para o corpo, que age sobre doenças físicas ou programações mentais negativas.

Essa pedra, que representa o olho do falcão, simboliza sua capacidade de agir de acordo com o que fala, enquanto percebe as circunstâncias como se estivesse olhando de cima e vendo o quadro maior.

Os falcões sempre foram reverenciados como mensageiros dos deuses. A pedra olho do falcão transmite essas mensagens de um nível mais elevado, levando mais percepção intuitiva para a vida cotidiana. Com a visão do falcão em seus pés, essa pedra inspira uma percepção ampliada e maior compreensão, para torná-lo mais apto a manifestar seus objetivos pessoais.

"Avançar com uma visão panorâmica mais elevada" é o lema do olho de falcão.

## Layout do Corpo Superior

Este layout das pedras requer um monitor que posicione as pedras, mantenha o espaço, monitore períodos de três minutos, verbalizando diretamente para a pessoa que passa pela sessão e garanta que ela respire profundamente, enchendo os pulmões. Quando o monitor orienta a pessoa a respirar visualizando os raios coloridos específicos, ele também visualiza e respira as mesmas cores para reforçar a ativação.

**Objetivo:** Ativar e integrar as energias dos Corpos Superiores em todo o sistema energético humano.

**Material necessário:** Dezessete pedras de hematita e uma pedra a escolher para cada um dos itens a seguir: Mente Superior, Masculino do Coração Superior, Feminino do Coração Superior e Físico Superior. Você vai precisar de duas pedras iguais dos Olhos nos Joelhos e duas pedras iguais dos Olhos nos Pés. Também é necessário um par de meias leve, de fibra natural.

*Instruções:*

❋ Coloque doze pedras de hematita em torno da aura, a uma distância de pelo menos quinze centímetros do corpo; duas na altura dos olhos, duas na altura dos ombros, duas na altura do plexo solar, duas na altura dos quadris, duas na altura dos joelhos e as últimas duas na altura dos tornozelos. Disponha uma hematita

no chakra da Estrela da Terra, outra no chakra da Estrela da Alma, outra entre os joelhos e uma em cada mão.
* Coloque a pedra magenta no ponto da Mente Superior. Respire durante três minutos, enquanto visualiza a cor magenta entrando na Mente Superior e depois saindo, enquanto você inspira e expira conscientemente.
* Disponha a pedra azul-celeste à esquerda do ponto do Coração Superior e a laranja ígnea, à direita. Durante três minutos, respire fundo, visualizando as cores entrando na inspiração e irradiando na expiração.
* Coloque a pedra do Físico Superior no ponto *na'au* e respire profundamente, visualizando o verde-limão durante três minutos, inspirando fundo pela barriga e irradiando a mesma cor ao expirar.
* Disponha uma pedra dos Olhos nos Joelhos na parte de trás de cada joelho. Respire fundo durante três minutos, enquanto inspira e expire uma cor de terra vermelha brilhante, para dentro e para fora dos joelhos.
* Calçando meias de fibra natural, coloque uma pedra dos Olhos nos Pés no arco central de cada pé. Respire durante três minutos, levando a energia e a cor das pedras para dentro e para fora das solas dos pés.
* Reserve três minutos finais para apenas respirar, com todas as pedras no lugar e integrando a energia dos Corpos Superiores. Remova as pedras na ordem inversa em que elas foram colocadas. Verifique se a pessoa está ancorada no momento presente. Limpe as pedras.

## *Layout* do Corpo Superior

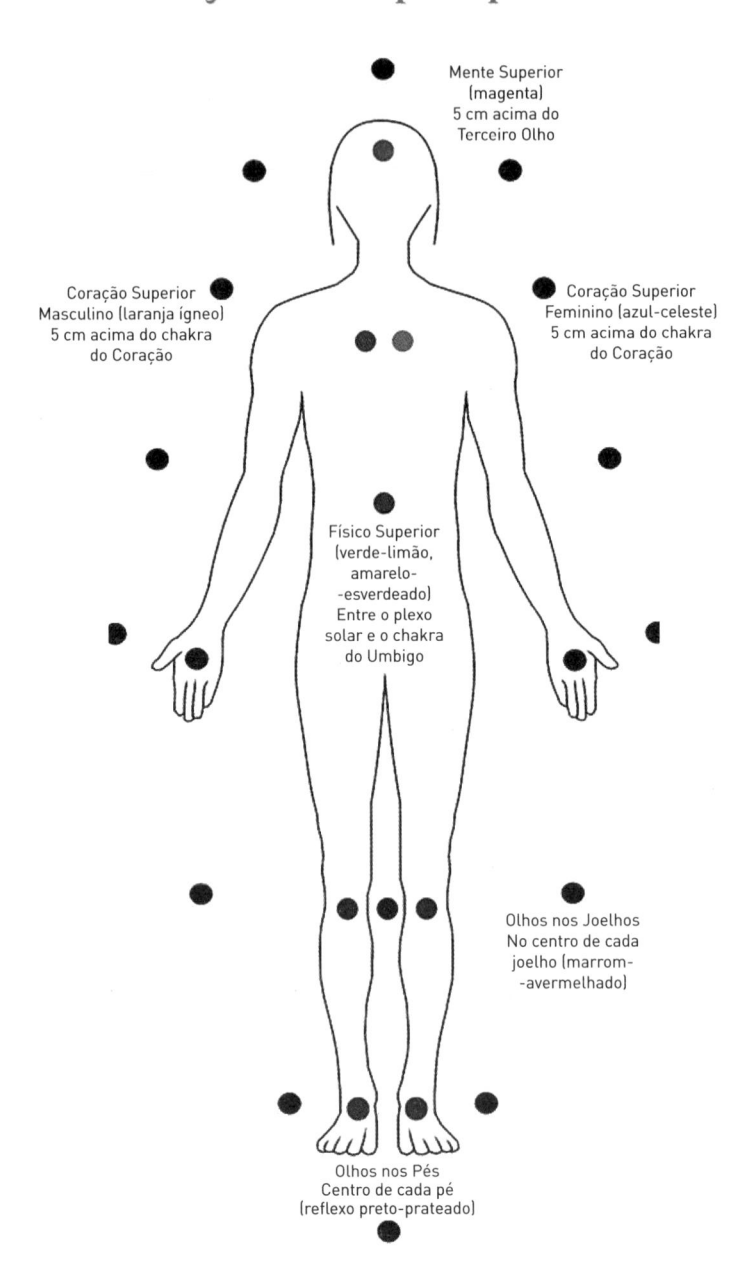

**Mente Superior**
(magenta)
5 cm acima do
Terceiro Olho

**Coração Superior Masculino** (laranja ígneo)
5 cm acima do chakra do Coração

**Coração Superior Feminino** (azul-celeste)
5 cm acima do chakra do Coração

**Físico Superior**
(verde-limão, amarelo-esverdeado)
Entre o plexo solar e o chakra do Umbigo

**Olhos nos Joelhos**
No centro de cada joelho (marrom-avermelhado)

**Olhos nos Pés**
Centro de cada pé
(reflexo preto-prateado)

# Diagrama da Aura Expandida com os Pontos dos Corpos Superiores

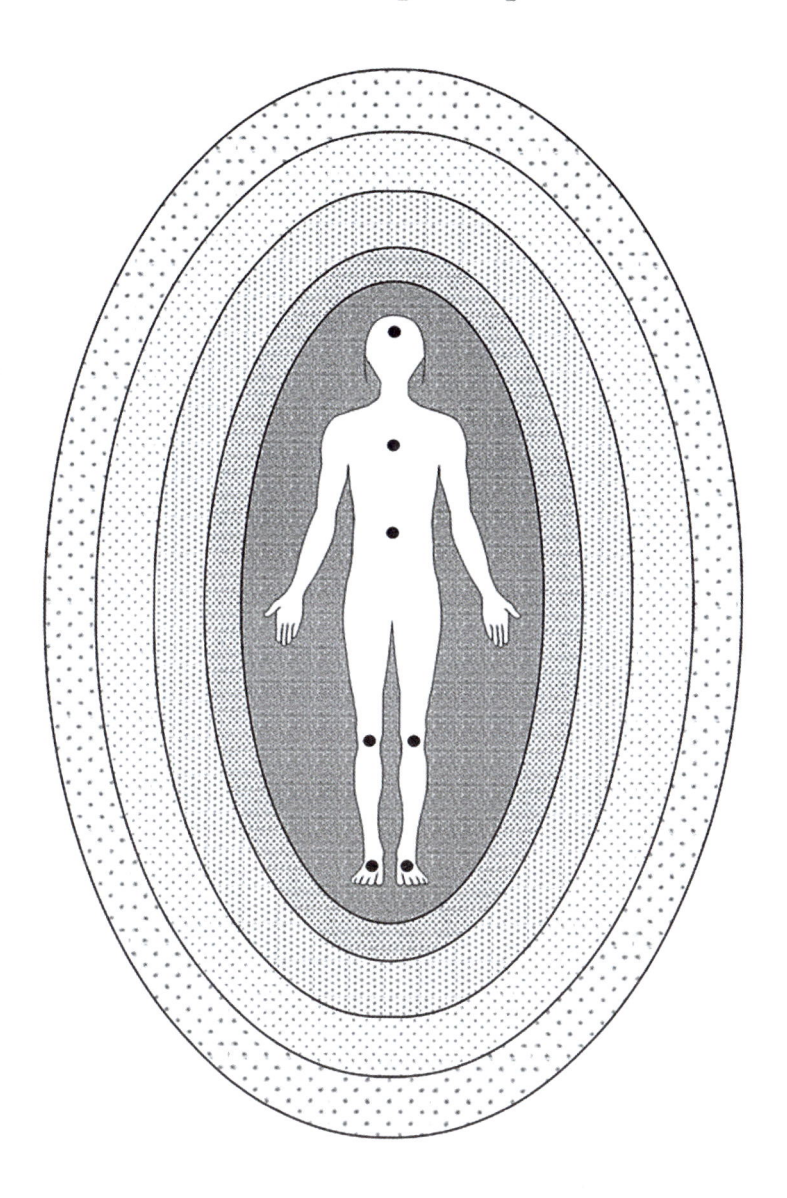

Capítulo 8

# ILUMINAÇÃO

Iluminar é levar luz à escuridão. Nossa vida na Terra é iluminada pela luz estelar pura do nosso Sol. Embora nossa estrela luminosa possa parecer constante, nascendo e se pondo todos os dias ao longo de toda nossa História conhecida, chegará um momento em que nosso lindo Sol vai se extinguir. Esse é o funcionamento natural do universo: tudo nasce, vive, morre e renasce, à medida que o ciclo da criação continua.

Quando estrelas massivas ficam sem hidrogênio, elas esfriam e encolhem, sob seu próprio peso. Elas implodem e depois se expandem poderosamente para fora, criando supernovas, um dos mais esplêndidos exemplos de iluminação do nosso universo. A luz que emana de uma supernova é uma das luzes mais brilhantes que se pode ver no céu noturno, com o auxílio de um telescópio.

Uma supernova sinaliza o fim da vida de uma estrela. Em seu processo de morte, ela libera partículas e gases que criam novas estrelas, sistemas solares e um número infinito de formas de vida variadas. Magníficas nuvens de vastas nebulosas contendo bilhões de toneladas de "matéria estelar" continuam a se reciclar. O ciclo de vida de uma estrela pode durar bilhões de anos terrestres e demonstra a capacidade que o universo tem de se autorregenerar. Todos nós temos uma estrela explodindo em nossa árvore genealógica cósmica comum e, no fim das contas, todos nós somos feitos com os mesmos componentes.

## O Ser Humano Superior

O Ser Humano Superior se identifica com esses vastos ciclos temporais e sabe que sua essência é eterna e que um dia chegaremos à última página do livro da nossa vida presente. Os Seres Humanos Superiores sabem que o corpo físico um dia não será mais um veículo útil para nós e teremos que deixá-lo para trás. Mas os Seres Humanos Superiores também sabem que nossa alma vai se elevar e encontrar uma frequência compatível com a dela, quando o fim da vida se tornar o início de um ciclo totalmente novo.

No instante crítico da morte, as almas que se reconheceram como luz e buscam a luz universal tornam-se candidatas a um ciclo mais elevado de crescimento evolutivo. Cada alma vai escolher naquele momento o que for necessário para o seu desenvolvimento individual. Se os Corpos Superiores foram ativados, a transição da vida para a morte assume uma qualidade mais luminosa. Se você tem corpos de luz criados conscientemente, sua alma já se identificou com a luz universal e pode se fundir mais facilmente com ela. É muito mais fácil enfrentar a morte quando você sabe que o velho se torna novo outra vez e o novo evolui para o velho. Do mesmo jeito que uma estrela deve vivenciar a morte, podemos aprender que o ciclo de vida continua incessantemente, recriando uma nova vida a partir da mesma essência universal.

O Ser Humano Superior sabe que a nossa vida está firmemente enraizada em ciclos temporais muito maiores do que o da nossa vida física, individual. Nossa alma faz parte de um grande espírito universal que é vivo com uma presença consciente. Somos parte de um todo infinito e podemos expandir nosso senso de identidade para incluir tudo o que é.

A Terra foi formada há cerca de cinco bilhões de anos, a partir de poeira estelar e gases que um dia se solidificaram numa esfera de minerais derretidos. A superfície do nosso planeta esfriou aos poucos e se tornou a crosta da Terra. A partir dessa base de minerais, a vida evoluiu na Terra e tornou-se a fonte de milhões de criaturas ao longo de incontáveis milênios.

Quando ocorrem condições específicas, diferentes minerais se combinam e se cristalizam em formas geométricas. Quando os minerais continuam a se cristalizar, os cristais se formam num arranjo interno simétrico e demonstram harmonia atômica. Esses padrões geométricos se repetem regularmente, se manifestando, por fim, na forma de um cristal. Os cristais refletem na forma física a unidade interna de suas partes individuais. A geometria perfeita dos cristais prova que existe uma ordem inata no universo, desde a vida e a morte das estrelas, até a formação e cristalização da matéria.

Como seres humanos, agora vivemos na superfície e precisamos reconhecer a importância da Terra como uma entidade em si mesma, que cresce, evolui e vive seu próprio ciclo de vida legítimo. Sua abundância é o ventre da vida para todas as coisas vivas que já existiram neste planeta. Por mais impessoal que isso possa parecer, torna-se pessoal quando você pode se identificar com os ciclos de vida, como planetas, estrelas e galáxias em evolução. O Sol é a Estrela da Alma da Terra, pura luz estelar. Através dos seus Corpos Superiores, você pode conectar sua consciência com a de todo o universo.

Procure se tornar mais consciente da terra abaixo de você, apoiando-se nela a cada passo. Procure não se separar da Mãe Natureza ou da sua essência de luz estelar. Existe um grande plano evolutivo com um desenho e uma ordem requintados, não aleatórios ou gratuitos, mas sim um plano mestre magnífico da criação. E você faz parte dele.

O conceito budista de iluminação se expressa como um *ser iluminado*. Siddhartha Gautama, um príncipe que viveu na Índia no século V, tornou-se um ser humano totalmente desperto, ou um Buda, por sua própria vontade e esforço concentrado. Depois que ele se libertou de todas as impurezas mentais e emocionais, ele vivenciou o nirvana (desapego de todas as coisas mundanas) e se iluminou com a sua luz interior.

No mundo das artes, Buda é representado com uma luz que emana do seu corpo físico na forma de uma aura brilhante. Jesus Cristo e muitos santos cristãos também são retratados com estrelas da alma brilhantes, ou halos irradiando do topo da cabeça e ao redor do corpo deles. Buda é um exemplo da possibilidade de um ser humano de iluminar a si mesmo e irradiar sua luz para fora. Como Seres Humanos Superiores, também somos capazes de literalmente criar luz dentro do nosso próprio ser, à medida que amadurecemos espiritualmente.

## Ascensão

Muito se fala, entre os buscadores espirituais dos dias de hoje, sobre o conceito de ascensão, mas o que isso realmente significa? Em termos cristãos, o termo "ascensão" refere-se ao poder espiritual de Jesus Cristo para ressuscitar seu corpo físico e ascender ao céu. Esse conceito, no entanto, tem suas raízes em religiões antigas em que os deuses ancestrais de outras terras eram conhecidos por terem ressuscitado muito antes de Jesus nascer. A primeira menção registrada da ressurreição remonta a 3.000 a.c. no antigo Egito, quando Osíris, deus do submundo, ressuscitou como o deus solar Hórus. Houve numerosas figuras espirituais em toda a História Antiga que supostamente ascenderam, como Mitra da Pérsia, em 1.200 a.C.; Krishna, da Índia, em 900 a.C.; e Dionísio da Grécia, por volta de 500 a.C. Embora a ideia de ascensão seja uma crença antiga, sinto que ela se baseia na realidade.

A ideia de ascensão neste novo milênio é que o ser humano pode conseguir essa proeza também. Mas de que modo? Acredito que somos capazes de ascender somente quando conseguimos nos preencher com a luz gerada interiormente e cada átomo do nosso corpo físico vibra numa frequência mais elevada. Quando aprendemos a pulsar conscientemente com as frequências cromáticas dos nossos Corpos Superiores, conseguimos preencher o espaço vazio entre nossas partículas atômicas com uma luz que nós mesmos produzimos.

Meu entendimento, neste momento, é que a ascensão não é necessariamente sobre ascender a um mundo ou dimensão superior. Em vez disso, é sobre a capacidade de estar exatamente onde você está e infundir a si mesmo e ao seu mundo com luz. Todos nós estaremos fora do nosso corpo físico muito em breve. Portanto, vamos no manter aqui e agora e concentrar cada segundo da nossa atenção na ideia de trazer o céu para a terra, assim como os cristais fazem. Por que desperdiçar energia buscando dimensões superiores fora do seu próprio corpo? Em vez disso, crie um ambiente físico interno onde possam acontecer experiências multidimensionais, com os seis sentidos, os Corpos Superiores ativados e sua essência suprema no leme.

## A Matriz Universal

A soma de toda a matéria e energia, ao longo de todo o tempo e espaço, é basicamente uma essência viva que infunde a criação em todas as realidades dimensionais. A substância primária forma a matriz do universo e, em última análise, compreende tudo, físico e não físico.

Filamentos de energia dançantes, oscilantes, vibrantes conectam tudo o que existe no universo. Essa substância universal primordial é um campo invisível de pura consciência, que permeia os limites entre todas as coisas. Ela pulsa com força viva em toda a criação. Ela é o *UNO*, a fonte, nosso verdadeiro ser eterno, para o qual todos nós finalmente retornaremos.

Em meio ao que podemos perceber como *o incontrolável*, há um poder profundo e impressionante. Normalmente tentamos bloquear essa imensa vastidão da nossa consciência, procurando buscar ordem e controle em nossa vida. Mas, se nos centrarmos e propositadamente sintonizarmos nossa consciência com a matriz universal, podemos começar a atrair mais filamentos para nós. Se pudermos nos identificar com essa essência primordial no âmago do nosso ser, descobriremos que ela é onisciente.

A matriz universal pode ser influenciada por nossos pensamentos e intenções, uma vez que gravita em torno de indivíduos que conscientemente a atraem. Na verdade, a criação dos Corpos Superiores depende de desenvolvermos uma relação pessoal direta com esse impessoal mar de consciência onipresente. Conforme atraímos conscientemente mais filamentos da matriz universal, aprendemos a gerar mais luz dentro de nós e manifestar os Corpos Superiores.

Isso é uma responsabilidade. Todos nós devemos amarrar nossos próprios fios na grande trama dos nossos Corpos Superiores e ser responsáveis por nossas palavras e atos. A Mente Superior deve monitorar nossos pensamentos, à medida que nos desenvolvemos e nos tornamos canais para correntes maiores de energia fluírem através de nós. Quando nos tornamos Humanos Superiores, incorporaremos um número cada vez maior de filamentos universais em nossos Corpos Superiores, que irão, por sua vez, mudar a nossa percepção do mundo. Aqueles que são capazes de viver com Corpos Superiores ativados ajudarão a mudar a realidade atual do plano físico na Terra. É hora de colocar menos energia em nossa personalidade e ego e mais energia em nossa tentativa de identificar quem somos como seres de luz.

## Vestes de Luz

Ao começar a escrever esta seção sobre as vestes de luz, devo admitir que, apesar de estar trabalhando com este material há mais de treze anos, ainda estou, eu mesma, me esforçando para entendê-lo um pouco mais. Estou ciente de que talvez seja preciso o resto da minha vida para integrar totalmente minhas próprias vestes de luz e ser capaz de explicar tudo em mais detalhes. Mas, em vez de esperar eu "chegar lá" e entender tudo perfeitamente, optei por oferecer a você o que sei agora. Espero que, depois que as pessoas comecem a aplicar essas informações do corpo, todos passem a entender tudo com mais clareza, meus queridos leitores.

O que eu sei é que, com o foco da Mente Superior, podemos conscientemente atrair energia universal, ou poeira espacial, ao redor do nosso corpo físico e da nossa aura. São esses mesmos filamentos da matriz universal que se tornam a substância através da qual nós podemos criar deliberadamente os Corpos Superiores.

A ressonância das cores dos Corpos Superiores estimula a expansão da nossa aura. À medida que mais filamentos universais são conscientemente reunidos, enquanto construímos nossos Corpos Superiores, a aura ou luz em torno do nosso corpo físico se fortalece e se expande mais do que nunca. Cada Corpo Superior cria seu próprio veículo de luz, que emana do campo eletromagnético humano e pode potencialmente tornar-se um ambiente pessoal, um casulo luminoso de luz colorida ao redor do corpo físico, nutrido pela fonte universal e protegido por nossa própria iluminação.

Cada Corpo Superior é composto de filamentos da matriz universal e vibra numa frequência diferente do corpo que o rodeia. Cada Corpo Superior cria uma frequência diferente daquela dos demais, formando camadas na aura que o cercam, o interpenetram e o interligam aos outros Corpos.

Quanto mais filamentos cósmicos são integrados nos Corpos Superiores, uma morada de luz colorida é criada para sua alma abrigar o Ser Humano Superior. Gerando sua própria luz

# O Escudo de Hematita

No livro *Transmissões Cristalinas, Volume III*, da Trilogia dos Cristais, a hematita é descrita como uma pedra de poder, usada predominantemente para ativar o chakra da Estrela da Terra. A hematita é um óxido de ferro, criado quando o ferro é oxidado ao ser exposto à água. Essa pedra reflete um radiante brilho prateado e era usada nos tempos antigos como espelhos. Colocada no chakra da Estrela da Terra, ela ancora a força da luz no corpo físico. Neste livro, assim como no meu terceiro livro, *Transmissões Cristalinas*, vamos examinar a hematita.

Essa pedra altamente reflexiva ajuda você a ficar com os pés no chão e a ganhar força interior pessoal. Também o ajuda a estabelecer limites pessoais. Se você se identifica inconscientemente com as impressões das outras pessoas, ou absorve a energia de ambientes tóxicos, o escudo de hematita irá limpar sua aura de negatividades provenientes de fontes externas.

Pessoalmente, venho praticando o escudo de hematita há muitos anos e descobri ainda mais sobre sua eficácia com meus muitos alunos da Crystal Academy. Se a absorção de energia negativa em excesso resultou em doenças físicas, os sintomas desaparecerão conforme sua aura for purificada. Recuperar o campo de energia em torno de seu próprio corpo físico é um dos primeiros passos na criação dos Corpos Superiores.

Depois de ter praticado esse escudo algumas vezes, você pode começar a definir os pontos da sua aura com a hematita, que podem se tornar pontos de estabilização áurica que o ajudarão a manter seu foco e energia, ao criar seus Corpos Superiores. Quando sua aura é forte, as forças externas têm menos efeito sobre você, porque você é capaz de manter uma luz constante dentro de si mesmo e ao seu redor.

Depois que esses pontos de estabilização foram definidos, tudo o que você precisa fazer é afirmar, no momento necessário: "Levantar escudo!", e seu escudo de hematita é reativado. É preciso prática para definir esses pontos de estabilização, mas, quando eles são definidos, você recebe proteção contra influências negativas externas 24 horas por dia, sete dias por semana.

## A Infusão Cristalina

O *layout* de Infusão Cristalina exige que sua Mente Superior se concentre por pelo menos 22 minutos, enquanto você infunde conscientemente a energia de uma pedra específica em sua aura. Uma vez que você tenha definido os pontos de estabilização com o escudo de hematita, você pode começar a praticar o *layout* de Infusão Cristalina. Esse *layout* avançado começa com um escudo de hematita de onze minutos para primeiro limpar a aura. A infusão cristalina é feita logo em seguida.

Para praticar a infusão cristalina, você precisará de 24 pedras de hematita e uma pirita para o escudo, mais 24 peças de uma outra pedra. Esteja ciente dos efeitos de qualquer pedra que você escolher usar. Por exemplo, se você quiser infundir sua aura com uma força suave e nutriz, escolha uma pedra feminina do Coração Superior, como a ágata renda azul. Se você precisa de mais imunidade a toxinas físicas e emocionais, use o peridoto ou, para obter um melhor senso de direção, use a dravita.

A hematita vai ancorar a energia da pedra da infusão e você vai usá-la em sua aura e se beneficiar dos seus efeitos por vários dias. Espere pelo menos três dias antes de praticar outra Infusão Cristalina. Este é um *layout* poderoso, que literalmente infunde a energia de qualquer pedra que você escolher em sua aura. Familiarize-se com a pedra através da sintonização pessoal e da meditação, antes de usá-la numa infusão.

Quando você praticar esses *layouts* em outras pessoas, ou os receber, certifique-se de reservar algum tempo depois para se centrar e integrar a energia da pedra de infusão. Beba água, coma um pouco de proteína, caminhe e assimile deliberadamente a frequência elevada que você criou.

## Layout do Escudo de Hematita

*Este* layout *requer um monitor que posicione as pedras, mantenha o espaço, monitore o tempo da sessão e garanta que o receptor respire profundamente ao longo de toda a sessão, enchendo os pulmões.*

**Objetivo:** Ancorar a força do espírito, limpar a aura, ganhar força interior, estabelecer limites pessoais e se proteger contra influências negativas externas.

**Materiais necessários:** Vinte e quatro hematitas e uma pirita cúbica.

**Instruções:**

❊ Peça para a pessoa se deitar e coloque uma hematita em cada um dos centros chákricos, exceto no da Coroa.

❊ Coloque uma hematita em cada mão, no calcanhar de cada pé e uma a uns quinze centímetros abaixo dos pés para ativar o chakra da Estrela da Terra.

❊ Posicione um cubo de pirita natural tocando o chakra da Coroa.

❊ Disponha mais doze hematitas no espaço ao redor do corpo, a uma distância de pelo menos quinze centímetros: duas na altura dos olhos, duas na altura dos ombros, duas na altura do plexo solar, duas nos quadris, duas em cada joelho e uma na altura de cada tornozelo.

- A respiração deve ser longa e profunda, concentrada na inspiração. Atraindo luz branca dourada do chakra da Coroa, visualize essa luz percorrendo toda a coluna e ancorando no chakra da Estrela da Terra. Mantendo a visualização da luz branca dourada no centro da coluna, expire e irradie a luz para fora, saindo de cada poro do seu corpo para se conectar com as pedras de hematita em torno da aura. Mantenha a Mente Superior concentrada, enquanto respira dessa maneira por onze minutos.
- Remova a hematita da aura e depois do corpo.
- Por último, remova a pirita. Limpe as pedras.

## *Layout* do Escudo de Hematita

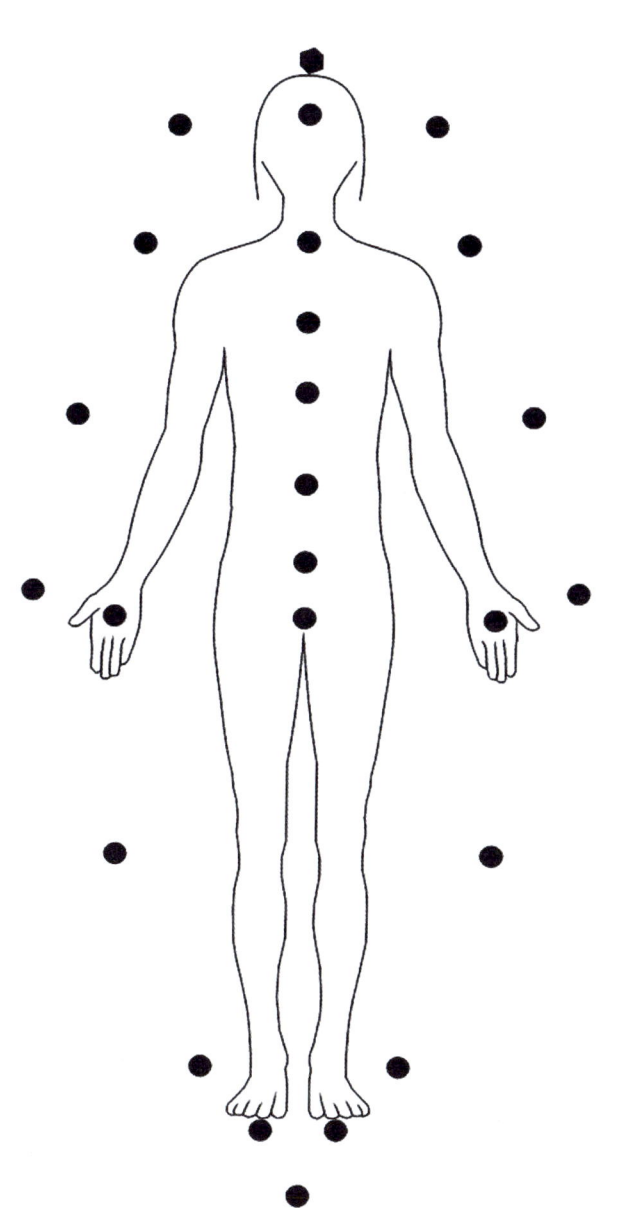

## Layout da Infusão Cristalina

*Este* layout *requer um monitor que posicione as pedras, mantenha o espaço, monitore o tempo da sessão e garanta que o receptor respire profundamente ao longo de toda a sessão.*

**Objetivo:** Infundir a aura com os efeitos curativos da pedra escolhida para o *layout*.

**Material necessário:** Vinte e quatro hematitas, uma pirita e 24 pedras de outro tipo (tal como o quartzo rosa).

**Instruções:**

❊ Primeiro execute o *Layout* do Escudo de Hematita para limpar a aura. Deixe todas as pedras de hematita no lugar e mova a pirita do chakra da Coroa quinze centímetros para cima, até o chakra da Estrela da Alma.

❊ Depois coloque as pedras de infusão entre cada uma das hematitas nos chakras e abaixo da pirita.

❊ Coloque as pedras de infusão entre as hematitas no campo áurico.

❊ Mantenha o foco da Mente Superior e respire fundo. Conforme você inspira, puxe a energia das pedras da sua aura para o centro da coluna. Ao expirar, direcione a energia através de todos os poros do seu corpo para o espaço ao redor de você e de volta para as pedras ao redor.

* Continue desse modo por onze minutos.
* Quando terminar, remova primeiro as pedras de infusão do campo áurico e depois as do corpo.
* Remova as hematitas da aura e depois do corpo.
* Por último, remova a pirita. Limpe as pedras.

## *Layout* da Infusão Cristalina

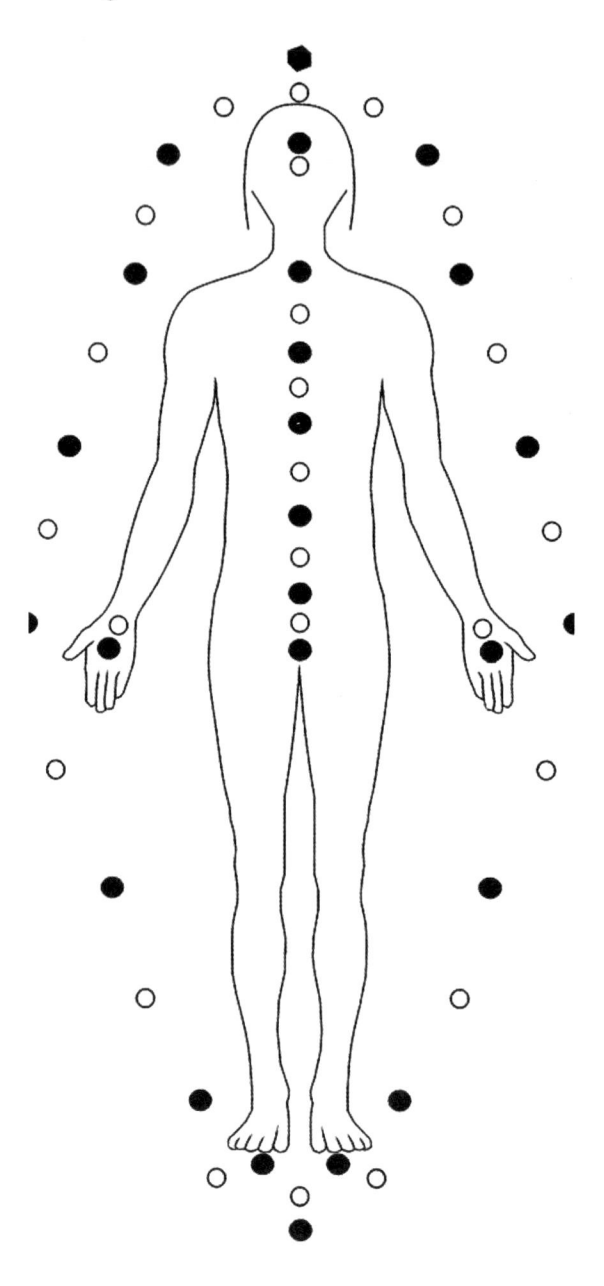

210

## PARTE FINAL

Os cristais e as pedras são instrumentos de luz magníficos, que podem servir a um grande propósito no nosso processo de crescimento espiritual. Mas, ao trabalhar com cristais, convém lembrar que, por serem meros instrumentos, não precisaremos mais deles depois que já tivermos assimilado suas frequências.

O reino mineral é absolutamente fascinante e nos ensina sobre a harmonia e o equilíbrio interior. Com formas geométricas perfeitas, os cristais nos lembram de que a Terra segue as leis da unidade. Portanto, assim como os átomos de um cristal, nós todos podemos nos alinhar e trabalhar juntos para criar uma humanidade unificada.

Este livro é um método de trabalho com cristais cujo objetivo é nos tornar canais mais conscientes da força universal que impulsiona a nossa evolução. Nossa essência fundamental é a poeira estelar. Somos todos seres estelares e podemos criar conscientemente e habitar corpos de luz colorida, nascidos da nossa intenção e do nosso esforço.

Os Corpos Superiores atuam em sincronia uns com os outros, todos eles irradiando de um núcleo interior sólido. À medida que geramos luz interior atraindo intencionalmente os filamentos da matriz universal, podemos adquirir uma refinada sutileza, ao ostentar orgulhosamente nossas vestes de luz, conquistadas com muito esforço. Vestida com as cores esplêndidas da Iluminação Cristalina, nossa alma está mais bem preparada, aconteça o que acontecer.

Nossa consciência vai continuar cristalina e resistente, com uma Mente Superior que testemunha sem julgar.

Dominando as polaridades do nosso Coração Superior, aprendemos a reconhecer e aceitar as forças yin e yang dentro de nós.

O Corpo Físico Superior nos ajuda a desenvolver imunidade físico e emocional, enquanto fortalecemos nossa determinação.

Os Olhos nos Joelhos nos mostram uma direção bem definida em nossa vida, em sintonia com o propósito da nossa alma no plano terreno.

Os Olhos nos pés ajudam a nos lembrar de que somos seres de luz, que habitam um corpo físico. Sentimos as vibrações naturais da Terra e sabemos exatamente em que etapa estamos da evolução da nossa alma.

A Iluminação Cristalina nos preparará para reagir naturalmente à nossa essência. Também nos inspirará, no momento da morte, a nos lançarmos de uma base de luz e de coração aberto, rumo ao desconhecido.

Pretendo continuar a trabalhar com meus próprios Corpos Superiores, com a esperança de aumentar meu entendimento à medida que prossigo. Agora ofereço este livro a você, com todo o meu amor.

Peço que utilize o conhecimento contido aqui com a melhor das intenções e que sua jornada de vida seja abençoada.

# SOBRE A AUTORA

**KATRINA RAPHAELL** é a autora *best-seller* da Trilogia dos Cristais: *Crystal Enlightenment*, Volume I, 1985; *Crystal Healing*, Volume II, 1987; e *Crystalline Transmission*, Volume III, 1989. No Brasil, *Crystal Enlightment* e *Crystal Healing* foram publicados originalmente pela Editora Pensamento, com os títulos *As Propriedades Curativas dos Cristais e das Pedras Preciosas* e a *Cura pelos Cristais: Como Aplicar as Propriedades Terapêuticas dos Cristais e das Pedras Preciosas*, respectivamente. Em 2021, as duas obras foram publicadas numa edição única, com ilustrações coloridas e texto revisto e atualizado, com o título *As Propriedades Curativas dos Cristais e das Pedras Preciosas: Um Manual de Estudos Introdutórios e Aplicações Práticas sobre Cura Energética*; e *Transmissões Cristalinas* foi publicado em 2023.

Em seus livros, Katrina Raphaell apresenta o conceito revolucionário de "*layouts* de cristais", quando introduziu a cura por cristais no mundo convencional. Desde 1985, ela é reconhecida internacionalmente como pioneira em seu campo.

Todo o material dos livros de Katrina é original e continua relevante para os dias de hoje, mesmo depois de mais de duas décadas. Seus escritos foram publicados em mais de dez línguas estrangeiras e venderam mais de um milhão de cópias em todo o mundo.

Em 1986, Katrina fundou a Crystal Academy of Advanced Healing Arts. Desde então, ela já formou milhares de estudantes na arte, teoria e prática da cura por cristais. Katrina treinou instrutores para ensinar seus sistemas de cura em todos os Estados Unidos, na Itália, na França, em Hong Kong, no Japão, em Cingapura, no Brasil e na Argentina.

Em seu trabalho, Katrina viaja para locais sagrados do planeta, integrando suas descobertas em antigas civilizações, a fim de ampliar nossa compreensão do tempo histórico humano, que, por sua vez, expandirá as possibilidades para o futuro. Apresentando novas informações sobre geometria sagrada, Katrina mergulha no coração de nossa Terra para entender seu núcleo e explorar os padrões geométricos encontrados na natureza e dentro do nosso Sistema Solar. Para mais informações, visite: www.webcrystalacademy.com.